KAZUO INAMORI
稻盛和夫的商聖之路
用佛陀的智慧
把破產企業變成世界五百強
王紫蘆——著
U0045530

目錄

ONE

TWO

THREE

危機即是轉機，世界第一

平凡困苦的童年，成就了造福全世界的聖人

一個故鄉在貧瘠的日本南方—鹿兒島鄉下的小孩，每天白天上課，放學後幫忙家計、照顧弟妹，感覺似乎和其他人沒什麼不同，但是一切的變化與因緣就在他得了結核病之後，開始出現。

結核病在當時可說是絕症，特別是對於十四、五歲的小孩來說，治癒的機會更是渺茫，但是稻盛和夫憑著自身旺盛的求生意志與家人的照顧，奇蹟的痊癒了。而在他患病期間，一位長輩送了他一本《生命的實相》，這本書是稻盛和夫第一本接觸到有關「生命」、「佛法」的書，它不僅改變了他的一生，也間接改變了很多日本企業及他國企業，更影響了世界。

有關稻盛和夫的書籍出版，在台灣正式出版了十六本，而這本書卻是第一本以「佛學傳記」的方式來敘述稻盛和夫的傳奇人生，我個人將它簡單分為三段介紹(因為我是盛和塾塾生，所以我尊稱他為「稻盛塾長」)：

第一段是描述稻盛塾長幼年在家鄉，從出生、求學、染病、幫助家中事業並展現其經營技巧的過程。第二段則是稻盛塾長在大學畢業後，背負著全家的期望而離鄉背井的到京都

的松風工業上班，為了早日把產品研發出來，甚至不惜搬進實驗室裡，就為了隨時隨地都可以工作。當然他最後不僅成功了，也為公司帶來了新的收入，但是當時松風工業因為轉投資的緣故，陷入了困境。此時公司的命運，已不是稻盛塾長一個人可以挽救的。所以在經過不捨與深思熟慮後，他還是離開了公司，並靠著一群友人協助他成立了「京都陶瓷公司」。

第三段講述「京都陶瓷公司」在創立之初因為公司規模較小，產能跟知名度都比大公司少，在當時經營是非常辛苦。雖然稻盛塾長每日帶領公司同仁戮力工作，但還是會遇到每個創業家與公司都會遇到的種種難題，其中最讓稻盛塾長印象最深刻的，是在創業初期與員工之間所發生的一件事：當時公司創立初期雖然因為收入不多，但是已經有二十幾位員工跟著稻盛塾長一起工作，但有一天公司有十幾位員工一起來向稻盛要求加薪及年終獎金，這件事讓一向務實的稻盛塾長內心陷入困境。

他不是那種為了要打發員工而隨便做出承諾的人，也因為依當時的公司現況根本無法做出這種承諾，但又必須讓這些員工理解公司處境而留下來。雖然經過三天的面談還是沒有辦法解決，但在最後一次與那些員工見面時，稻盛塾長只能拿出最大的內心誠意來表達他對公司未來及員工福利的想法，甚至以下跪的方式向在場員工保證只要公司一獲利就會與員工分享，希望大家一起努力為公司共同創造利潤，而從那天起，稻盛塾長心裡也告訴自己，經營企業一定要保護好員工，為他們謀求最大的幸福。最後才終於感動了所有在場員工而願意留下來繼續打拼。

之後公司雖然也逐漸增加生產收入，但是離科技產業的領導地位還是很遠，於是稻盛塾長決定主動把公司產品推銷到更大的國外市場。當他第一次踏上了美國去推銷自家公司產品，不僅待了一整個月，花費了昂貴旅費，卻沒有絲毫收穫，但這次的商務之旅卻也讓他加深了必須在世界佔有一席之地的信念。在回到日本後，京瓷也開始從公司所在的京都，進軍日本的政經中心—東京，但是京都陶瓷在當時是所謂的二線城市的企業，初期營業人員根本無法在身為一線城市的東京拿到訂單，稻盛塾長看到這樣情形，不僅親自前往東京了解當地業務狀況，同時也親自拜訪潛在客戶，更展現了他堅毅的行銷意志，讓東京的客戶逐漸對京都陶瓷的產品與技術有了好感。

在稻盛和夫用心帶領下的京都陶瓷，不僅堅持品質與創新，甚至得到了世界大廠的訂單，這奠立了京都陶瓷成功的基石、也讓它真正成為世界知名的大公司之列。

稻盛塾長哲學蘊藏著佛法、儒家思想、實學立論，他同時也是科學研究實業家。他創立了兩間世界前500大的世界級企業：日本京瓷公司、日本第二電信KDDI。而稻盛塾長另一個偉大的成就，就是成功挽救瀕臨破產的日本航空，不但讓它脫離破產監管，也重新上市，並且成為獲利最高的航空公司。而在當時他對航空業經營一點經驗都沒有，但他為了社會、為了國家，以七十九歲高齡接受了當時的日本鳩山首相請求而接下此重責大任。

期間他每日工作到半夜十一點，只到便利商店買個飯糰當晚餐，日復一日，最後他不負眾人的期待，並再一次證明「稻盛哲學」（或稱京瓷哲學）對企業再造的成功保證。除此之外他曾經為了檢視自我「是否無私心」，而在六十五歲時剃髮成為和尚，去體驗一無所有的生活兩年。

稻盛塾長，三十幾年前在京都創立了以協助中小企業創業家「私塾」——「盛和塾」，並協助日本中小企業再生再造，直到現在，在美國、巴西、台灣、韓國、中國大陸等都已經設有分塾。近八千位塾生企業家每日研讀稻盛哲學，而稻盛塾長更是老驥伏櫪，每個月都會到各個分塾舉行「塾長例會」與塾生見面，為塾生解答企業經營相關問題，甚至每年都在日本舉辦「盛和塾世界大會」，今年已經是第二十三屆，參加人數又創了新高，達到四千多人，而這些塾生都是希望可以親身目睹稻盛塾長及聆聽他的訓示。

最後提到稻盛學說包含：「敬天愛人」、「利他」兩個哲學思想，針對企業經營者心靈增長的有：「六項精進」、「經營十二準則」，而對於企業經營的實學則有：「阿米巴經營法則」、「會計七原則」。

稻盛塾長為了員工、為了社會大眾而創立了盛和塾，除了協助日本本土企業，也協助了各國的中小企業經營，被稱為近代唯一的東方「經營之聖」。雖然現在已經八十三歲了，但是他仍活躍在第一線，為他眾多的門生與企業主解答困境，雖說他是一介平凡的老人、但我認為他應該就是活菩薩下凡。

張文澤　天行者集團　董事長

作者序

能夠順利完成這部書，除了感謝還是感謝。

漫長的兩年多時間，從大量的收集資料、研讀到分析紀錄進而內化撰寫成小說，著實費了一番功夫；還記得第一次閱讀稻盛老先生著作時的感動，那種謙卑無私奉獻的態度、字裡行間流露的真摯情感，每每讀來總是令人餘韻迴盪不已。

自幼跟隨父母聽聞佛理，祖父、外祖父、父親也都恰好是創業家；祖父從大陸浙江來台經商買賣木材、外祖父是羅東鎮的水電承包商（當地知名的聖母醫院）、父親則致力於研發新一代的門框產品並製造販賣……耳濡目染之下，對於商道及佛道之理粗通一二。

商場如道場，商業經營通常是成王敗寇的世界；要將生意做好，並非簡單容易的事，尤其白手起家。祖父經商並非順利，而當初承繼家業的父親繼續肩負著重擔（債務），所以還未上小學時就知道什麼是「跑三點半」，童年也跟著雙親假日早出晚歸，間接感受到經商的辛苦。

出社會多年後，因緣際會下認識了出版社的梁社長，才真正認識日本這位偉大的經營之聖——稻盛和夫。說來也是巧合，稻盛老先生還是與外婆同一年出生的，而在研讀稻盛老先生的眾多著作時，便有著特別的親切感。

稻盛老先生在日本四大經營之聖的美譽，並非浪得虛名，反覆拜讀完二十多本他親筆著作後，愈發愈覺得稻盛老先生並非是位簡單的人物，精進自持謙卑為懷，散發著愛的能量。

這本傳記式小說中，主要的人物及情節都是依照真實的資料撰寫（如：稻盛和夫在孩童時病得奄奄一息所啟發他的書、創業時的夥伴、投資的恩人、京瓷茁壯的過程、出家修行的過程、宣布接任日航時的新聞稿、日航的重要幹部……），只有部分虛構人物情節穿插在其中，增加小說的趣味及可讀性。

為了完整重建一九四三年～兩千零三年，從日本昭和時期到現在將近七十年的社會變遷氛圍，書中描述的每個細節擺設、人物動作場景、器物、地理位置……甚至是小說人物所吃的食物都儘量符合時代產物及當地特色，所以寫作時耗費不少氣力在收集整理資料，除了中日文網站上大量蒐集第一、二手文字、圖片及影音（專訪稻盛老先生）外，也跑了三、四間大型圖書館借閱六、七十本書，只希望筆下所呈現的世界能夠更生動自然，讓讀者可以更貼近這位日本經營之聖——稻盛老先生的人生，能真切的感受到稻盛和夫的經營哲學與佛法奧妙的所在。

回顧稻盛老先生五十多年持盈保泰的精彩經商之路，創新永遠是企業的活路，由此造就源源不斷的客源也是企業謀求生機的方法；「佛法」本是活用之法，讓人透徹的辨明萬事萬物的本質，並沒有一個實體的恆常性，一生的努力忙到最後什麼也得不到，一切都是後人所繼承。

你到底為什麼活著？佛陀說：「人一出現生命，就必須利他。」無論在世上扮演什麼角色，想要得到快樂，都需要先學會付出，這是世間的真理。佛陀的教法就是要每個人轉化自私自利的念頭，好好運用我們有限的生命，成就無限的可能。

特別致謝

感謝大千出版社梁社長給我機會撰寫此書。

也感謝大喜文化所有工作人員協助蒐集印製資料，還有耐心等候緩慢的書稿進度。

也感謝所有陪伴我度過這難熬寫作期的長輩及朋友們。

在此特別感謝一路支持我成長的外婆，在書稿接近完成時因病過世、我最敬愛的外婆——任勞任怨勤儉持家、老一輩刻苦奮鬥的台灣女性。

最後，將此書功德全數迴向給最敬愛的外婆——張薛阿好 女士。

王紫蘆　二零一五年　於秋涼十月清晨的台北

序章

即將破產的日航

KAZUO INAMORI

隆冬的夜晚，東京都千代田區永田町的街道，顯得特別擁擠，各家電視台 SNG 轉播車占滿了整條道路……

記者們冒著寒風，各個翹首等待。這可是攸關日本數百萬人生計的重要大事！接下這個燙手山芋，想必是相當苦惱吧，不然與首相會談的時間怎會如此漫長？

苦苦守候在首相官邸外的記者們，無不如此揣測。

時間一分一秒的過去，門口大廳仍是一片寂然。

「茲－茲－茲－嗶－嗶－茲－茲－」無線對講機的聲音突然響起。原本靜默的警衛對著無線電說了幾句話……

幾個敏銳的記者顧不得隨身物品，立馬衝向官邸的大門，只為了搶到最好的位置。距大門不過一百公尺的防彈玻璃門前，被擠得水洩不通。

◇◇◇

叮的一聲，電梯門開了。剎那間，寂靜的彷彿時間靜止了一般，所有人都望向電梯門口。一人從電梯中徐步走出，花白而稀疏的頭髮、高大的身型、鏡框下慈藹又帶點威嚴的笑容。

他慢慢走向記者們，鎂光燈瘋狂閃爍，數十個麥克風及錄音機瞬間包圍住這位耄耋老者。

「董事長！請問您覺得自己有能力挽救負債將近兩兆日圓的日本航空嗎？」

「稻盛先生！這次與總理大臣的會面結果，是否已經對日本航空的未來發展有所定論？」

「會長！身為京都陶瓷集團的創始人，您認為自己有能力跨足到不熟悉的航空業嗎？」

他點頭微笑地仔細聽著記者們的提問，直到他們都停下來安靜後，才緩緩開口。

「首先感謝各位在如此寒冷的天氣，還在這裡耐心的等候，真的是辛苦了！同時也感謝首相還有國人對本人的深切期待及厚愛——」說到這，他停頓了一下，閃光燈立刻在臉上閃爍不停。

「為了拯救各位日航社員，就算我已經上了年紀，還是會盡全力提供協助。」

在記者們層層包圍下，閃爍的鎂光燈中，稻盛和夫露出堅定而溫和的笑容。

一個月前

深夜十二點，等到最後一輛政府官員的黑頭車駛離官邸，遠方斜彎轉角停放已久的廂型車，緩緩走下一位深色西裝、衣襟別著小型銅質徽章的男子。

微弱燈光下看不清他的面容，只見到他快速走進後方隱密的巷弄內。

「怎麼不明天到內閣府前的國會記者會館……」

「你覺得政府會這麼快坦承宣布嗎？」

「這消息若一旦確認，日本股市將可能會災情慘重……」

「小聲點……要確定附近沒有監聽。」

「放心，車內有阻波器。」男子停頓了一會，張望了一下四周。

「趕快通知親友把手中的股票出脫吧，趁現在還沒變成廢紙之前……技巧要好些，慢慢賣。可別被抓到了。」

一台黑頭車平穩的從高速都心環狀線的交流道，駛進九號深川線。一張年輕俊朗的臉隨

著路燈交替的變化忽明忽暗。他按下按鈕將與司機間的隔音窗升起，隨後拿起手機撥通電話。

「我是國土交通大臣前原誠司，請平野官房長官幫我轉告首相，參與會議的顧問可能走漏消息了……我想必須要更積極的邀請他……再生支援機構[1]的委員長那裡，會再加緊聯繫……」結束通話後，前原閉眼陷入沉思。日本有史以來第六大的企業破產……這棘手的燙手山芋啊，若是不願意接手也是人之常情吶！

東京 永樂町 首相官邸

「稻盛先生，真是萬分的感激您、萬分的感激您……」站在黑色轎車旁的前原臉上布滿了笑容，躬身對著一位白髮蒼蒼的老先生說道。

「別這麼說，我經過這幾天仔細的考慮後，決定接受這個挑戰，謝謝你耐心的等候。」

---

1 於二零零九年十月所成立的股份有限公司，為日本政府認可的法人，專門協助擁有有限的經營資源，卻負債過重的企業重建事業。其挹注支援資金於二零一二年預算保證上限為一兆六千九百九十億日圓。

和夫寬闊的臉上流露出沉穩堅定的神情。

兩人走進鳩山首相位於三樓的辦公廳，侍立在旁的守衛緩緩打開厚重的大門。

「稻盛先生您終於來了，等了您好久啊～」鳩山首相露出大大的笑容從辦公桌後起身，伸出右手大步向前。

「首相……很抱歉讓您等候多時。」和夫低頭握住首相的手「上次還勞駕您親自拜訪京瓷，真是讓人受寵若驚。我這快八十歲的老人您還願意信任……」

寒暄過後，三人分別坐在辦公廳中的牛皮沙發，後方的牆壁還掛了一幅巨大的油畫。

「是這樣子的，企業再生機構必須要在下個月底前，確認能接任日航重整工作的會長……這件事我在半個月前到您的辦公大樓時，就已經向您提及。」鳩山首相嚴肅地說道，削瘦的身軀隱隱散發出攝人的威嚴。

「向法院申請的重整手續的計畫裁定已於十一月三十日取得許可，多數消息事前都已封鎖不對外公開……但難免也有走漏的時候。畢竟日本航空是間攸關日本經濟起落的大型集團，底下還有一百八十七間的子公司及數十間的關係企業……」首相慢慢的講述著。

「……的確，企業再生機構所提出的重整方案非常的嚴峻，因為金融機構相關單位不得不放棄高達五千兩百一十五億日圓的債權……在這些條件下，日航集團必須裁減近三分之一的員工約一萬多名、大幅刪減員工年金福利、航線調整……」前原大臣接著說道。

「總而言之，更生計畫的執行必須在三年內達成目標，否則日航可能將會消失被全日空合併……再者正式宣布破產是一月十九日，二月二十日則撤銷股票上市……」首相盯著和夫的眼睛說道。

和夫深深吸了口氣，開口道：「請您放心，為了日本的未來，我稻盛和夫將接任日本航空的會長一職。」

ONE

戰勝死亡，朋友的力量

KAZUO INAMORI

懷疑的開端

「最近的傳聞聽說了嗎？」

「是啊！聽說了。」胖太太大力點頭。

「稻盛家那對夫婦，市助他們啊～好像病的不輕，上個月看到還能彼此攙扶著外出採買，現在據說市助都已經咳出血來，只能在床榻上躺著，沒想到不只兼雄在醫院療養，連市助那對夫妻也……」

「稻盛畩市勤奮老實工作認真倒是沒話說，咱街坊鄰居去幫忙，工錢總是準時沒欠過。真是可惜啊！稻盛家老大這麼爭氣，弟弟們卻…唉……啊！對了！妳那就讀西田小學的十郎…」胖太太微微偏頭問道。

「唉～還整天跟在和夫旁邊打打鬧鬧的，勸也不聽，不過稻盛家老大的次子，成績雖然不好倒是挺有正氣的！」

「你是說和夫有正氣嗎？難道你沒看到鎌田君那孩子……」在臉上用力比劃的胖太太說的口沫橫飛。

「他臉上的疤痕，妳看過沒？好大的一口子，真不知道長大後若留下疤痕，要怎樣見人啊！聽說這還是他唆使的，你瞧他，整天打架胡鬧的，這樣的孩子叫做有正氣？」胖太太說到最後一句時，還刻意壓低嗓門。

一旁的婦人，突然伸起食指，比了噤聲的動作，眼神飄向牆上的原木大鐘。

四點三十分。

自從十郎跟著爺爺從台灣返回日本後，每天幾乎都在這個時候外出。

咚、咚咚、咚、咚。

急促的腳步聲由遠而近。

「媽，我出去了！」十郎形色匆忙的彎腰穿鞋，頂上的圓形禿特別明顯。

「怎不戴頂帽子遮一遮？頭髮少了這麼多。」胖太太側身看著十郎，好奇問道。

「我這做母親的也沒辦法插手……十郎爺爺的決定，他說「遮了反倒更顯眼，身為鹿兒島的男子漢，就不用怕別人的眼光，從小就要訓練不畏眾人、頂天立地的氣魄。」」十郎母親說道，她輕仰著頭似乎在享受午後的秋陽。

陽光從濃密的樹葉中灑落，微風吹來陣陣清甜的果香。

「柿子可以摘了吧？」胖太太深深地吸了口氣，柿子特有的香甜氣息撲鼻而來，她抬頭望著滿庭院結實纍纍的柿子樹。

「當然可以啊！亞美，今天回去就摘一些帶走吧！都是自己人。」

「我到空地玩去！」十郎站在一旁插嘴道。

「又要去找和夫啦！」胖太太馬上堆起了笑容問道。

仍穿著學校制服的十郎點點頭後立刻飛也似的跑了出去，外頭刺眼的陽光將他的身影照的亮晃晃。

艷陽下，一群孩子們在空地上吆喝著，旁邊散落著零星的廢棄木材。

「和夫！和夫！」遠遠的就聽到十郎尖細的呼喊。

稻盛和夫滿頭大汗停下手邊指揮的動作回頭，高聳顴骨將眼睛襯的細長。

「和夫，我跟你說喔！這次……你一定…要…來我家吃…柿子…」十郎大口喘氣斷斷續續道，白嫩的臉脹地通紅。

「柿子！上次不是說過了，既然是爺爺親手種的，就要先問問他老人家嗎？」

「別說這麼多，先過來幫忙吧！」和夫瞇著眼，結實的手臂擦著汗，沒好氣回道。

「上次中村被我教訓過後，還有在找你麻煩嗎？」和夫突然停頓了一下，睜著清亮的眼睛，直勾勾的盯著十郎。

「沒有！」十郎輕聲回道，原先飛揚的神色瞬間暗淡不少。

「很好，算他識相！」和夫滿意的點點頭。

他指著旁邊成堆且零亂的廢棄木材。

「一起把它整理整理，不然待會我們在這裡跑起來被絆倒，可不是開玩笑的。」

「你先和義雄將比較長的木材搬到大馬路一旁。」

「然後石川進，你們五個人跟我繼續將廢棄木材分類。」

秋老虎的威力驚人，十月的太陽仍然炙熱不已，大夥頂著烈陽，和夫指揮分工，僅花半小時的時間，就將原本被廢棄建料堆滿的空地，恢復成寬敞的模樣。

嗡～嗡～咔～

一架機翼上掛著日本國旗的戰機低空飛過，深沉又充滿力量的聲音，不禁讓大夥皺眉，有些人甚至摀起耳朵。

「唉呦！」石川進突然哀嚎了一聲，吃痛的抱緊左腳。

一群人立刻圍了上來，大家七手八腳的將他抬到陰涼的樹下。

和夫小心翼翼地脫下石川進沾滿木屑的鞋子，鮮血和著沙塵汩汩流出，半截鏽蝕的鐵條直挺挺的插在腳底板。

石川進的左腳不斷地顫抖，糾結的濃眉下哭地涕淚四流。

「先抬他到清治家的醫館。」和夫慌張的抬起頭，對著義雄及其他三人說道。

十郎站在一旁，但眼睛卻滴溜溜的轉，腳步微微地倒退，大夥的注意力都放在石川進身上，沒留意到十郎的異樣。

「先作基本地傷口清洗，再抬他去醫館。」蹲在旁邊的義雄建議道，微黑的國字臉上有著超齡的沉穩。

「喂，十郎！」義雄正要叫一旁的十郎，先去拿水幫石川進清洗傷口時，卻發現原本站在他旁邊的十郎不見蹤影。

和夫見狀，一股莫名的火氣湧上，抬頭正要開口罵人，竟瞧見空地轉角的不遠處，十郎推著板車向這裡直衝。

好眼熟的板車。

「舅舅……和夫…的……舅舅」十郎大口喘氣邊說。

「板車！板車可以載人！」義雄馬上反應過來，並大叫道。

眼見石川進愈來愈慘白的臉色，大夥顧不得板車從何而來，將同伴抬上後，火速將他送到清治家的醫館。

松本醫生結束手邊正在診治的病患後，快步走向板車上呻吟不止的石川進。

濃濃的藥水味竄入石川進的鼻腔，讓原本慌亂不已的他，心安不少。

松本醫生彎下身仔細檢查完傷口，挑出埋在腳掌的鏽鐵條，作完消毒和包紮後，也幫石川進打了一劑破傷風疫苗。

聽了和夫一群人描述事情如何發生後，松本醫生推了推鼻梁上的眼鏡，抿唇略微沉吟道：「這種鐵條應該不是木建築的廢料喔！」

「以後你們別再去空地玩，最近市區裡很多人都在翻修房屋、修建防空洞，空地不時會堆放不知名的廢棄物，太危險了，知道嗎！」松本醫生叮嚀著。

「和夫，你們家開印刷廠，對吧？」

「工作場所總是有很多人進進出出，回去記得提醒母親家中的棉被衣物，要定時拿到大太陽底下曝曬！」面對松本醫生的一串話，有些和夫聽得並不是十分明白，但也記下來。

唰～

旁邊的拉門被推開，一個帶著金邊眼鏡身型略為壯碩的男孩走出。

「爸！」男孩欠身鞠躬道。

「清治！」石川進對著他喊道。

清治冷著一張俊俏的臉，面無表情的點頭。

「還會疼嗎？」清治眼睛盯著醫療檯上的石川進問道，對於和夫旁的一行人罔若未見。

石川進搖搖頭，嘴角扯出一絲笑容。

「這裡沒你的事，趕快進房讀書——」原本和藹的松本醫生突然面容一整，嚴肅的對清治道。

「爸！之前向十郎借的書籍順便還他。」松本清治眼神轉向站在角落，如同隱形人般的十郎。

「噢！對、對、對，剛從臺灣回來的十郎帶了不少漢字書，你跟他借了一些。」

松本醫生加重「漢字」的語調，讓和夫有點不太舒服，感覺像是在炫耀自己的兒子。

「不好意思打擾您這麼久，我們先帶石川進回家。」和夫對著松本醫生說道，還彎腰行了大禮。

「十郎，你就先留在這處理事情，我和義雄他們先告辭了。」

「還有，你說要帶我們去摘柿子，等過幾天石川進腳傷好些就一塊過去喔！」和夫伸手過去拍拍十郎的肩。

匆匆向松本父子道別後，和夫、義雄和其他三人推著板車上的石川進離去。

十郎望著他們離去的目光有些複雜。

「十郎！快點跟我進屋，除了書本之外還有些事情得討論討論。」清治低沉的聲音在十郎身後揚起。

十郎隨著清治進屋時，不知擔心還是緊張，闔上拉門的手竟微微抖著。

清治逕自整理著書桌旁的架子，室內昏暗的光線讓他臉上的表情晦暗莫測，直到和夫一行人的聲音漸行遠去，才慢慢的轉頭面向十郎。

「東西拿出來！」清治突然沉聲說道。

十郎愣了一下，就急忙將褲袋裡的東西掏出，放在桌上。

一捆小鐵條牢牢地綁在一起，幾支鏽蝕的鐵條參雜著。

「還挺聰明的嘛！」清治順手拿起鐵條看了看。

「難怪聽不到金屬的聲音，但你難道不知道，石川進算是我的好友嘛！叫你怎麼辦事的！」清治加重了音量。

「當時有戰鬥機經過……我…我…一時分心……」十郎吶吶地說。

「算了！算了！事情都造成了，和夫說過幾天會到你家摘柿子，是吧？」

「沒錯～若清治你要的話，明天再幫你帶幾顆。」

「誰說要柿子了！你覺得我家會少這種東西嗎？」清治嫌惡的撇撇嘴，剛才在松本醫師前的乖巧模樣蕩然無存。

十郎眼底掠過一絲怨恨，不過清治似乎沒看到，他繼續說：

「聽說你爺爺明天將從滿州國回來，和夫會到你家摘柿子的事就別向你爺爺提，知道嗎！」

「可是、可是～和夫一定不只自己去，還會帶上一群人……」

「哈哈！這樣他不是會被修理得更慘嗎？」清治俊俏的臉露出狡猾的表情。

喀拉、喀拉、喀拉……

平穩的車輪聲在秋日寧靜的下午，特別清晰。

離開松本醫師家的一行人，直到快接近石川進家時，和夫才想起剛竟忘了問十郎，板車到底是怎麼來的。

當和夫沉浸在自己的思緒中，不遠處忽然出現熟悉的身影——一襲白色小紋和服[1]、手腕總是勾著碎花提袋的石川進母親。

關好內門準備外出的石川進母親，看到兒子躺在板車上被人推進家門，臉色唰的一白，手上的提袋瞬間掉落。

1 小紋和服為日本女子正式穿著，可出席各種場合，適合外出購物及約會。

石川進見狀顧不得腳疼，撐起身子滑下板車，解釋剛才在空地玩時所發生的小意外，也向母親說明，幸虧是和夫他們幫忙，傷口已經由醫生仔細處理過，還挨了一針。

他指了指身後看起來有點陳舊的板車。

「和夫怕我腳痛不方便還幫忙借了板車。」

石川進的母親聽完，面色才稍稍和緩下來，向和夫一行人微微欠身，他們立刻緊張的彎腰回禮。

「真是謝謝你們的幫忙，剛好廚房裡有準備一鍋綠豆湯，一起進屋吃吧！」石川進母親站在敷台[2]招呼他們進屋。

六、七個人擠在狹小的玄關中，顯得相當壅擠，但石川進母親的盛情似乎吹散了悶熱的空氣。

「幫忙朋友是我們的份內事，石川進和我們一塊玩卻受傷，本來就該負責了，而且待會還得將板車歸還，所以就不方便留下來了。」說完，和夫領著同伴向伯母彎腰深深地行禮。

2 日式建築的正門玄關處，用木板鋪成，迎接客人的地方。

道別後，五個人推著板車很快的離去。

「和夫！石川進受傷時，十郎好像怪怪的。」義雄微黑剛毅的臉上，顯得有些憂慮。

「嗯～」和夫一手扶著板車，似乎不怎麼專心聽著。

「還有那個松本清治，我真想不透老大你為何要找他父親幫忙，在學校你沒聽到謠言嗎？清治表面是用功的好學生，你不知道他私底下……」

「松本醫師是好人！」和夫打斷義雄的話。

醫者仁心，和夫的母親總是這樣說，所以和夫不知不覺對於醫生有一份莫名的崇敬，何況松本醫生還叮嚀他回家要……？一時半刻突然想不起！

望著對面街道的棉被架，思緒突然閃過！

對了！是曬棉被衣物，可是每週都看到母親將被褥拿出去曝曬，為何松本醫師還特別強調呢？……難道松本醫生知道叔叔們生病的事？

和夫和大夥一塊走著時陷入沉思，連原本滔滔不絕的義雄也變得靜默。

青瓦白牆的數寄屋[3]整齊的排列在街道兩側，幾位婦女聚在右側雜貨鋪的屋簷下，不知

3 由日本傳統茶室所發展出的建築，斜屋頂白牆，簡樸而精簡。

談論什麼，隨著距離地拉進內容漸漸清晰。

「幸一也跑去找妳啦！看來他真的是非常緊張，正納悶怎麼還沒看到他經過……」

「也沒辦法！畢竟他書念得不多，唯一的板車還莫名被偷！」

幸一……幸一舅舅！

和夫立刻想起平常在市場賣蔬果的舅舅，他拋下旁邊的朋友飛奔到前面。

「阿姨，請問您剛剛是在說平常在賣菜的幸一舅舅嗎？」衝到一群婦女們中間，和夫忙不迭地問道。

「是、是啊！」剛正在閒聊的婦女，被突然出現的和夫嚇了一跳。

「請問您看到幸一舅舅往哪個地方呢？」和夫問道。

梳著高髻的太太指了指往河邊的方向。

和夫向太太們道謝後，拉著一臉茫然的義雄和其他三人，拖著板車朝不遠前方的岔路奔去。

板車因為快速的拖動，在路上發出磕磕碰碰的聲音，路邊的小碎石也被輪子輾的四處噴濺。

「舅舅！舅舅！您的板車！」極目望去，看到坐在河邊望著潺潺流水的幸一舅舅，和夫連忙喊道。

幸一舅舅似乎沒有聽到和夫的叫喚，緩緩起身往河旁成堆的漂流木走去，直到一群人站在他身後，和夫衝上前大喊，才驚醒般地轉身，吃驚地看著和夫一群人。

「舅舅對不起，害您以為板車丟了，當時我的朋友腳受傷，情急之下借用您的板車。」和夫雙手緊貼著腿，深深的彎腰道歉，額頭上的汗珠隨著動作滴落下來。

「哈哈！原來是這樣啊！」愣了會兒，幸一舅舅原本黝黑僵硬的臉才露出大大的笑容。

「我還得快回去市場整理攤子。」幸一舅舅點點頭道。

「舅舅……」和夫看著一派輕鬆的幸一舅舅，欲言又止。

「沒事就好，我還得忙活，市場大概只剩我的菜攤還擺在那。」接過義雄推過來的板車，幸一舅舅微微抬頭看著比自己高的外甥。

「時候不早了，你們也該趕快回家，別讓家人擔心啊！」幸一舅舅朝和夫一群人點微微頷首，推著板車快步離去。

和夫、義雄、及其他三人低頭彎腰，直到板車的聲音遠去才起身。

艷紅的夕陽染紅了整條甲突川，粼粼的波光襯著河畔滿山的綠樹，讓熱氣頓時消散了不少。

「和夫的舅舅好勤勞阿……」圓胖憨厚的文男，帶著欽羡的語氣說道。

「回家吧！」和夫的聲音打破了寧靜。

義雄靠近和夫身邊嚴肅地講了幾句話，和夫的眉頭微蹙。

「不太可能、不太可能……無論如何他還是我們的人，這事我不太相信，先回家吧！明天再說。」和夫搖著頭說。

帶著滿身的疲憊回到家，和夫只看見兩個妹妹坐在簷廊玩耍。

「綾子，媽媽呢？」

平時回到家總是會看到母親忙進忙出，招呼印刷廠的員工和準備晚餐，怎麼今天靜悄悄地。

「在隔壁叔叔家呦！媽媽說等到哥哥回來後再一起到廚房用餐，飯在鍋子裡。」

「是咖哩飯喔！」綾子眨著細細的眼睛，圓滾滾的臉上漾著期待的笑容。

「好吃的咖哩飯，辣辣的，淨子喜歡。」六歲的淨子嘟著嘴在旁邊補充道。

「好，我們馬上去廚房吃喔！」和夫笑笑的摸著淨子的頭。

打開電鍋的蓋子，辛辣又帶著一股奶味的咖哩香立刻飄了出來。

儘管肚子早就餓得咕嚕咕嚕，和夫還是幫妹妹們添了飯並淋上咖哩醬後，才坐下用餐。

「哥～我突然好想吃水果喔！」綾子嚼著飯含糊地說。

「嘴裡有飯不能說話！」和夫叮嚀道。

「我也好想吃水果喔！可是媽媽都把水果帶去給叔叔了……」淨子吞下了滿嘴的咖哩才敢開口。

「水果是嗎？柿子好不好？」和夫用手指點了點淨子的頭問道。

兩個妹妹不約而同地點頭。

「好，哥哥明天就帶回來給妳們吃，從樹上現摘的喔！」和夫想起十郎爺爺種的柿子樹。

「好！」妹妹們的小小頭點的更用力了。

「對了！媽媽有交代其他事嗎？」和夫問道。

年紀較大的綾子遲疑一會兒，扒兩口飯又喝口水後，大大的點了一下頭。

「媽媽說等哥回來吃飽飯後，到隔壁叔叔家一趟。」

「嗯！」

看到窗外的天色漸漸暗了，和夫將屋內的燈點亮。

「綾子、淨子妳們兩個先待在家裡，別跑出去了，哥先去叔叔家，應該很快就回來了，妳們自已先玩去！」和夫仔細的交代道。

「沒問題，我們會乖乖待著。」綾子露出兩個小小的酒窩。

和夫迅速收拾餐桌上的碗盤，又叮嚀了妹妹們幾句，才離開快步地往叔叔家。

走出家門還不到十步，就看見父母親匆匆趕回的身影。

「爸！媽！你們回來啦！我正要過去找你們。」和夫小跑步的到雙親面前說。

「唉～」稻盛畩市輕嘆了口氣，薄嘴緊抿，稜角分明的臉上帶著一抹憂慮。

「別在外面說，先進家門、先進家門！」母親拉著和夫的手說道。

直到進屋內，母親才放下和夫的手。

父親一語不發逕自拉開房門走進臥室，氣氛似乎有些凝重。

「現在不只市助叔叔患病，連嬸嬸也病倒了！」母親低聲道，彎彎的眼角似乎泛著淚光。

「是……是結核病？」和夫睜大了眼睛。

母親點了點頭，又拉起和夫的右手包覆在自己的掌心。

「別跟任何人提起知道嗎？連義雄他們也不許！」

「這幾天我跟爸爸會有點忙，傍晚可能會遲個三小時進家門，你跟利則哥哥就先擔待些，多照顧妹妹，三個弟弟還是暫時住在外婆家，知道了嗎？」母親盯著和夫溫柔地說道。

「趕快去睡吧！明早還得上課。對了！聽說你帶朋友去松本醫生家，是嗎？」母親問道。

「是！因為石川進在空地踩到釘子，然後我又借用了舅舅的板車，但是……我沒有事先問過幸一舅舅，然後還害他……」和夫的聲音越來越低。

「沒關係，只要不是故意的就好，當時你一定非常的慌張吧！事情處理好就可以了，幸一舅舅也沒責怪你不是嗎？」母親握緊了和夫的手安慰道。

過了一會兒，母親放開和夫的右手，輕輕地摸著他的頭。

「快去洗澡睡覺吧！」

友誼的破裂

翌日。

課堂上。

和夫百般無聊的看著臺上老師，講著社會課本上內容。牆上的時鐘已經十一點了，用膳後再過兩小時就可以放學，秋天後溪河裡的魚又大又肥美，放學先找利則哥哥一起去釣魚……等一下，十郎家的柿子樹也不錯。

和夫手托著腮，根本沒將臺上老師的上課內容聽進耳裡，滿腦子都想著下課後該要去哪玩耍！

「和夫！稻盛和夫！」教社會科的佐藤先生大聲喊著，稀疏的眉毛在鏡框下挑得高高的。

「是！老師！」和夫連忙回神並站了起來。

此時底下同學傳來陣陣竊笑。

「請你回答原因！」佐藤老師說道。

「對不起，老師我沒聽清楚，問題是？」和夫不慌不忙的說。

「為何鹿兒島的稻米要運到四國、本州販賣？」佐藤老師耐著性子再問一次。

「因為鹿兒島稻米產量過剩啊！」和夫不假思索的答道。

旁邊的同學立刻哄堂大笑，佐藤老師則是一臉鐵青。

「稻盛同學，你剛才很不專心，老師剛才講解過的交通運輸關係，怎麼馬上問就答錯！」

佐藤老師示意和夫坐下後，便開始重新解釋從鐵路、公路、水路的交通連結及未置中季節不同導致稻米年穫量的差異，而讓稻米大量從鹿兒島輸出，最後佐藤老師下了結論──稻米生產過剩才是輸出的最大關鍵。

台下同學聚精會神的聽著佐藤老師的講解，但和夫卻心中有點不平，結論還是生產過剩啊，為何要繞一大圈解釋呢？

好不容易捱到了放學，和夫原本要去溪邊釣魚的興致，早就被課堂上的不愉快給打散。

隨著放學鐘聲的響起，文男、義雄、正男……紛紛開始聚集到和夫身旁。

「有看到十郎嗎？」和夫向身旁的人問道。

文男環顧四周，搖了搖頭繼續將書包收拾好。

「和夫，我來了！」十郎一改往常怯弱的樣子，大聲向和夫招呼著。

「怎麼了？什麼事這樣開心。」剛拄著柺杖進教室的石川進有點吃力的問道。

十郎笑笑的搖搖頭，一會才開口道：「這件事只能跟和夫說。」

他附在和夫身旁低語了一陣。

和夫聽完眉毛挑得老高。

「所以說你爺爺是答應囉！」和夫有點詫異。

十郎不知道又想到了什麼，在和夫耳朵旁連忙說了幾句。

「就是這樣啦！若要可以摘就不只我一個人能去，我們都是好哥們，不是嗎？」和夫豪氣的說道。

「走吧！去十郎家摘柿子！」和夫右手向前揮動並大聲宣布。

◊◊◊

和夫一群人浩浩蕩蕩衝到十郎家，十郎並沒有請他們立刻進屋，說要等一等讓他先將院子整理一下，可是好像出不來似的，老半天都不見人影。

「都已經快等半小時，怎麼還在裡面磨磨蹭蹭。」石川進首先發難，左腳傷口的隱隱作痛讓他有點不耐煩。

「和夫！我看還是別等了，咱們到後山的小溪玩水釣魚吧！況且昨天我也跟你說了，要對他提防點。」義雄微微皺起濃眉。

「再等等吧！我相信他。」和夫輕輕說道。

三個月前十郎剛從台灣回來時，頭上的圓形禿總讓他成為眾人嘲笑的對象，而和夫在年幼時，總是膽小愛哭，所以看到怯弱的十郎，彷彿看到過去的自己，所以對他才會特別的照顧！

就在大夥兒開始不耐煩時，十郎出現了。

「對不起大家，爺爺現在不在屋內，今天可能還是不方便進來摘柿子。」十郎對著大夥深深的一鞠躬，臉上寫滿了歉意。

「不管了！不管了！既然爺爺開口邀請，若爺爺不在家應該也可以進去摘吧！」和夫對於十郎的反反覆覆非常不能接受，是男子漢就應該說話算話不是嗎？

和夫推開十郎，想帶著身後的其他人直接闖進院子裡。此時石川進拄著柺杖吃力的跟在和夫旁並一把拉住他的衣服。

「我看十郎真的有問題，若他爺爺真的答應還會如此反覆嗎？」旁邊的義雄也擔心問道。

「有事我一個人扛，石川進你腳不方便，就在樹下等我摘柿子給你吃吧！」和夫高聳的顴骨繃緊，一臉堅決。

「可是……」石川進仍是不放心。

「別在婆婆媽媽了，我說沒事就沒事！」和夫拍胸保證，一邊接下猴子般爬到樹上的正男丟下的柿子。

原本晴朗的天空慢慢飄出大大的雲朵，突然一陣強風將樹枝吹的沙沙作響，甚至吹落了幾顆柿子。

「喂！文男！你腳下滾落的柿子別浪費了，快撿起來。」和夫對著右前方吼道。

和夫將接下的柿子遞給一旁的石川進。

「喏，吃吧！受傷的人要多補一點！」

石川進無奈的拿著柿子，坐在石頭上。

院子裡數棵結實累累的柿子樹不一會的功夫，就被和夫一行人吃的乾乾淨淨，不少人的懷裡還揣了幾個柿子，準備帶回家分給家人享用。

和夫肩上掛著裝滿柿子的布袋，走到十郎面前。

「十郎，記得幫我跟爺爺道謝啊！你們家的柿子還真是香甜呦！感謝招待！」和夫帶著後面一群人誇張的向十郎行禮。

十郎兩眼發愣的看著和夫及其他人，拖著虛軟的步伐走向只剩綠葉的柿子樹前。

「你就不用送了，感謝招待喔！」和夫拍了拍十郎的肩膀，故意忽略十郎呆滯的神情。

既然說要請吃柿子，就是要請到底，和夫心裡暗忖。

該玩的也玩夠了，柿子也吃得飽飽的，每個人身上還帶了不少戰利品，和夫及一群玩伴比平常還早了些回家。

天空中的雲朵愈積愈厚，十月的深秋，開始有了些涼意。

背著新鮮柿子的和夫，快步的走回家，迫不急待的要跟妹妹們分享。

但也還沒進到屋內，卻瞧見室內一片漆黑，連印刷廠也空無一人。

正當和夫感到怪異時，看到隔壁的山口阿姨疾步走來。

「和夫，快點、快點……你們全家都在叔叔家，再不趕過去就來不及了！」山口阿姨氣息不穩地說道，長髮散亂地束在腦後。

和夫馬上跟著山口阿姨，快步地走到市助叔叔家，望著逐漸點亮的街燈，他的心情沒來由的沉重。

推開大門，還沒進到屋內就聽到嚶嚶啜泣的聲音。

他看到市助叔叔躺在榻榻米上，臉上卻蓋上了白布，一旁的加南嬸嬸臉色憔悴，兩眼無神的盯著叔叔。

和夫不自覺的兩腳一軟，幾乎快站立不住。

「哥哥～市助叔叔他……」原本跪坐的綾子直起身子，抱住和夫的手臂，肩膀仍不斷的抽蓄。

和夫連忙站穩，一手扶住妹妹，兩眼愣愣地看著叔叔臉上的白布。

市助叔叔……走了？

他雙膝一軟癱坐在地上，肩上的袋子滑了下來，柿子也散落一地。

綾子被他一扯，差點坐不穩，一臉驚慌的望著和夫。

「沒事！沒事！哥哥在妳旁邊……」和夫假裝堅強低聲的說。

叔叔真的走了！曾經偷偷帶他去爬山、釣魚的叔叔，教他搯手裡劍的叔叔……

和夫的眼淚不停地滑落，他看不清楚叔叔最後的樣子，眼前早已一片模糊。

稻盛�市雙手緊握，跪坐在加南嬸嬸旁，而母親—伊美，緊握住嬸嬸蒼白瘦弱的雙手。

空氣彷彿凝結一般。

負責處理遺體的人很快就到了，因為是罹患結核病而病逝，必須要盡速處理。

後來的七天過的很漫長，在誦經超渡及家人的沉默中度過，當初新鮮現摘的柿子，早已在叔叔家的院子中悄悄腐化。

這幾天，和夫顯得沉默異常，雖然平常還是有一群死忠的同伴圍繞，但因為市助叔叔的死亡讓和夫的心情跌到谷底，對於周遭環境的變化失去了興趣，就好像，腦袋裡某條神經被抽走似的，空蕩蕩……

「嗨！和夫！」

突然被拍一下肩膀，和夫連忙轉頭，愣了會兒後，定睛一看，精神似乎全回來了。

「你終於回來上課啦！川上！」和夫高興的說。

過去總是頂著濃密亂髮的川上，這次回國似乎換了一個人，剃著短短的小平頭，顴骨因為臉頰變瘦而突起，眼神流露出沉穩的光芒。

「怎麼！聽說你家有事啊！」川上仔細盯著和夫的表情。

和夫的眼裡閃過一絲憂鬱。

「沒！說說你吧！美國那裡生活應該不錯吧！」和夫故作輕快地說。

「也還好，就是講美國話的機會比較多，其它時間都待在姑媽家裡看書。」

「你……市助叔叔的事，我知道了！不要太過難過，身體重要。而且不到幾個月就要中學入學考了，自己也要好好把握。」川上雙手緊搭住和夫的肩膀道。

「我聽美國的醫生說，肺結核是飛沫傳染的，所以……我想你的嬸嬸也應該病的不輕？」川上轉回原本的話題。

「你…你…你怎麼知道！」和夫突然結巴起來。

「這是推論！」川上看著前方飛過的戰機。

「總之，能活著享受陽光空氣，就該感恩了。」川上幽幽的說道。

和夫側著頭看著川上，總覺得他哪裡好像變得不一樣了。中學入學考，被川上一提，當初要考上鹿兒島第一中學的雄心壯志好像又重新燃起。

走廊一端，突然傳來雜亂的腳步聲。

「教室在哪？你說教室在哪？」

遠遠就看到白髮蒼蒼的老爺爺，頂著被風吹亂的頭髮，邊走邊大聲吼道。

「疑～那不是十郎的爺爺嗎？」站在旁邊的文男墊起腳尖。

原本在教室裡的學生，紛紛擠到外面的走廊。

老爺爺一臉怒火，氣沖沖地走來，握緊拳頭的手臂青筋畢露。

「稻盛和夫在哪裡？」老爺爺瞪著問站在門口的清治。

清治的目光很快地掃了一圈，面無表情的指了指走廊上的和夫。

「就是你，稻盛和夫，我孫子說你帶一堆人闖進我家偷摘柿子，我才去東京沒幾天，你就跑來我家搗亂！真是太可惡了！」老爺爺指著和夫，吹鬍子瞪眼的罵道。

和夫很快的鎮定下來，他恭敬的走到老爺爺面前，深深的鞠躬道：「爺爺，很抱歉讓您生氣，十郎再三的跟我說您已經同意我們去摘柿子，所以我想中間可能有什麼誤會！」和夫的聲音聽起來平穩，但額頭卻早已佈滿冷汗。

「你這個謊話連篇的臭小子，難道我孫子會騙我嗎？」老爺爺扯開嗓門大聲問。

和夫的級任老師—阿部先生，接獲通報後，很快地趕來了。

「真的非常抱歉，和夫頑皮的舉動造成您的困擾，我待會處理後，再向您回報！」阿部老師欠身道，前額凌亂的瀏海半遮住佈滿霧氣的鏡片。

「真的要好好的教訓一下，和夫這小子還跟我孫子說，若不讓他摘柿子，就找人去修理他，真是太不像話了！」

「是，請您稍稍息怒，待我先調查再向您報告。若真是和夫有錯，我一定嚴懲不怠，請您放心。」老師依舊冷靜的說道。

看到老師堅持的模樣，老爺爺也不好意思再發作。

「就麻煩老師您處理了！」氣消了不少的老爺爺，轉頭瞪了和夫一眼，便快步離去。

目送老爺爺離開後，阿部老師臉色一整，微凸地下巴繃得緊緊地，順手將瀏海撥弄整齊後，看著和夫道：「你又闖了什麼禍？上次打傷鐮田君的臉還不夠，現在又跑去偷摘十郎家的柿子？你們其他人先進教室自習，和夫、十郎跟我到辦公室！」阿部老師無視欲言又止的和夫，自顧自的命令著，便轉身準備走到辦公室。

「阿部老師！我沒有偷摘柿子……」和夫在老師身後大聲說道。

阿部老師回頭時，臉上嚴肅的表情讓和夫突然噤聲，只好低著頭默默跟在老師後面，他眼角餘光似乎瞄到十郎竊笑的樣子。

和夫突然覺得一股熱氣往上衝，雙手不自覺的緊握成拳。

進到辦公室，阿部老師冷著臉，緩緩的拉出椅子坐下，他看著十郎平靜的問道：「你爺爺說和夫趁他不在家時，帶著十幾個人闖進你家，將院子裡的柿子摘的一乾二淨，是嗎？」

十郎點點頭。

「可是和夫說，你爺爺邀請他到你家摘柿子？」阿部老師再問。

十郎仍然默默無語，但老師很快就注意到十郎不安的眼神。

「好，看來有人需要迴避，和夫你先到辦公室外面等著。」阿部老師沉著臉對著和夫說道。

和夫聽到這句話猛然抬頭，恨恨的轉身看著一臉無辜的十郎。

「不！老師，我要……」

「稻盛和夫！請你暫時到辦公室外面。」阿部老師很快的打斷和夫的話，大聲的命令道。

和夫滿臉通紅，僵直的走出辦公室。

一直等到和夫關上門，阿部老師才開始詢問十郎事情的詳細經過。

大約十分鐘後，辦公室的門從內開啟，十郎探頭而出。

「和夫，老師叫你進去。」

原本仰望天空的和夫，聽到十郎的叫喚，木然地轉身越過十郎，直直地走到老師面前。

他雙手緊貼著兩側的褲縫，腰桿挺的筆直。

「十郎只有說請你吃柿子，並沒有要你到他家摘柿子，還說，你威脅他說若不讓你帶人去摘，就要找人揍他！」阿部老師說到後面，語氣不自覺的加重。

「報告老師，我並沒有威脅他，是他說爺爺邀請我去摘柿子的。」和夫咬著牙一字一句的慢慢說道。

「還在狡辯！」阿部老師突然大力拍桌。

「上次鐮田君的臉也是你弄傷的，還在嘴硬！」老師繼續說道。

「老師，那件事已經向您報告過，當時我並不在場，也不是我教唆正男他們的……」

「好了！好了！那件事就先別說，偷摘柿子的事，就連十郎的爺爺今天都親自到學校興師問罪了，而且十郎剛剛也跟我講了整件事情的來龍去脈，稻盛和夫你不要再辯駁了！」阿部老師不給和夫說明的機會，直接下了定論。

和夫聽到老師偏袒十郎的話語，憤怒的胸口大力起伏。

「我並沒有錯，老師你偏心，你對比較有錢的學生都比較偏心，連家庭訪問的時間都比較久……鐮田君的臉被弄傷時我並不在場，還有……」和夫再也憋不住，牙一咬將藏在心底的話全都說出。

「住口！」阿部老師大喝一聲打斷和夫的話。

「你，先到外頭去。」老師推高因汗水滑落的鏡框，轉頭看著十郎語氣僵硬的說道。十郎一離開辦公室，老師便起身走向和夫，他低著頭開口問：「你說老師不公平嗎？」

「是！老師您偏心，專門偏愛比較有錢……明明不是我的錯……」

碰一聲，阿部老師向和夫重重揮了一拳，跌坐在地板的和夫摀住左臉頰，不甘示弱的瞪視著滿臉怒氣的老師。

和夫斜靠在冰冷的牆壁上，渾身發抖雙手緊握。

老師不是都應該公平的對待每個學生嗎？為什麼對有錢、成績好的同學特別偏袒？他心裡不禁發出不平之鳴。

「你還有什麼不滿嗎？」阿部老師沉聲問道，脖子上的青筋隱約可見。

「不……沒有了。」和夫腦袋裡嗡嗡作響，他深深吸了口氣後，很快的爬起來恢復筆直的站姿。

「和夫，罰你學期結束前不能下課休息，每天到操場勞動服務，掃落葉枯枝。」

「聽到了嗎？稻盛和夫！」阿部老師大聲問道。

和夫覺得渾身發燙，卻只能僵硬的點頭，好多話梗在喉嚨。

「好了！耽誤太多時間，你跟外面的十郎趕快回教室上課。」阿部老師拉過椅子重新坐下，頭也不抬的說道。

離開辦公室後，和夫忍著隱隱作痛的臉頰，面無表情的看著前方步伐輕快的十郎。

陽光灑落在走道上，校園裡的楓樹飄落了幾片染紅的葉子，秋意更深了。

◇◇◇

偷摘柿子事件讓和夫及同伴們間的氣氛更陷入低潮。

石川進、川上、義雄三個人默默的走在和夫後面，誰也不敢開口。

「義雄，你前些日子跟我提到清治和十郎之間，到底是怎麼回事？」和夫開口問道，叔叔的病逝讓他差點忘記這件事，十郎爺爺突如其來的興師問罪，正好勾起他的記憶。

「鐮田君是清治的好友！」川上突然說道。

「上次鐮田君被正男不小心傷到，雖然你不在場，但正男畢竟是我們這邊的人。另外，清治似乎早就在拉攏十郎。」川上繼續補充。

「那個禿子實在太可惡了，平時和夫你是多麼照顧他，他卻這樣恩將仇報！」石川進忍不住說出憋在心裡的話。

和夫突然停下腳步，害得走在後方的義雄差點撞到他，不得不停下來。

「那～不是禿子嗎？」義雄向前方望去。

其他兩人還沒回過神，就看到和夫往十郎的方向奔去，一把抓起十郎的領子。

「為什麼要在老師面前說謊，你為什麼要騙我、難道我對你不好嗎？」和夫尖起嗓子質問他。

「是清治威脅我做的！」十郎急忙辯解。

和夫繼續大力搖晃十郎。

此刻義雄、川上也趕到一旁。

義雄再也忍不住，右手高舉準備揮向十郎那張令人生厭的臉。

「義雄，別動他！不然禿子又會藉此造謠生事，而且他爺爺剛剛才接走他，怎會又出現在學校旁邊，一定有問題，我們不要……」石川進拄著拐杖吃力地趕上，連忙阻止道。

話還沒說完，就被前方傳來的震耳地吼聲打斷。

「稻盛和夫、太田義雄你們給我住手！」阿部老師的聲音，竟然從不遠處傳來。

和夫一行人全都僵在原地。

按慣例應該留在校內的阿部老師，竟然牽著腳踏車和十郎的爺爺站在校門旁。

「你們這幾個兔崽子，真是太不像話了！」十郎爺爺渾身發抖的指著他們，氣得滿臉通紅，看來這一趟沒白跑，不然就逮不到這群可惡的兔崽子。

十郎甩開和夫的手，飛也似的跑向爺爺，哭的一把鼻涕一把眼淚。

阿部老師用力將腳踏車停好，走向他們。

「你們幾個全都跟我到辦公室，另外，和夫待會我會請人通知你母親到校一趟。」阿部老師冷著臉說道。

四個人低著頭不發一語的跟著老師到辦公室。

阿部老師很快的訓斥幾句，就讓石川進、義雄及川上離去，唯獨留下和夫一人。

三人走出辦公室時，剛好遇見匆匆趕到的和夫母親――伊美。

「阿姨好！」三個人彎腰行禮後，隨即離去。

「阿姨，和夫是被十郎陷害的。」川上經過和夫母親身旁時，很快的低聲道。

伊美柔和地看著川上輕輕點頭。

聽到母親的腳步聲，和夫卻不敢回頭，深怕一看見母親，眼淚就會不聽使喚的掉下來。

「和夫的母親，您好，不好意思讓您跑一趟！」阿部老師看到和夫母親走進，連忙起身說道。

「不會、不會，真是抱歉，我們家和夫讓老師您費心了。」伊美欠身道。

縱使匆匆趕來，伊美的頭髮仍一絲不苟的梳攏成髻，可以看出稻盛家平時家教甚嚴。

老師與和夫母親簡單寒喧幾句後，阿部老師很快將和夫率眾偷摘柿子、放學後又威脅十郎的事件仔細說明。

「原本以為和夫近來上課專心很多，心性收斂不少，這幾天正想嘉獎他幾句，今天又發生欺負同學的事情。」阿部老師嘆道。

「阿部老師，和夫摘柿子的事，我回去定會再跟他說說，真的非常抱歉，給您造成這麼大的麻煩。」伊美的眉頭輕蹙著，再度向老師深深的彎腰道歉。

和夫仍像木頭般佇立在旁，伊美連忙拉拉他的衣角，他才跟著母親一起彎腰致意。

簡短的十五分鐘，但和夫卻覺得彷彿過了一個下午。

隨著母親的腳步走出學校，夕陽早已染紅了整片天空。

回家的路上，母親並沒有斥責和夫半句，只是默默的在前面走著。

直到進到了家門。

「媽……」和夫輕喊道。

伊美轉過身，凝視著眼泛淚光的兒子。

「是男子漢就要堅強，覺得不公道就自己討回公道，天底下沒有白吃的午餐，知道嗎！還有，不許哭！」伊美嚴肅的說。

「媽媽相信你沒有去偷摘十郎家的柿子，如果自己受委屈也要反省自己，為何當初沒有清楚判斷。」伊美繼續說道。

「可是平常我很照顧十郎啊！他還這樣……」

「覺得他不適合當朋友，就遠離他，你心中若覺得不平，就去好好解決，不要在這裡哭啼啼的。」伊美打斷和夫的抱怨。

簷廊一角突然傳出女孩們的嬉鬧聲。

「去陪妹妹吧！好好想想該怎麼做。」伊美溫柔地摸了摸和夫的頭，並用袖子輕輕拭去他臉上的淚痕。

和夫垂著眼，深深吸了幾口氣，母親身上熟悉的氣味讓他心情平靜不少。

「媽，我知道了。」他抬起頭故作堅強地說。

「不，別這麼快下結論。」伊美阻止和夫繼續說下去。

「思考需要時間，男子漢不是只靠衝動和武力在處理事情，重要的是定的力量！」

和夫流露出疑惑的神情。

定的力量……是我太容易相信別人的話，沒去想到後果，而太輕易帶同伴去摘柿子嗎？

「過幾個月，你在滿州國當警察的兼一叔叔就要回來了，不是很久沒跟叔叔看電影了嗎？」伊美岔開了話題，因為她知道兒子需要時間來沉澱自己。

「振作點，趕快去陪妹妹吧！好像石川進的小妹也來了，快去招呼一下。」伊美輕輕摟住兒子的肩膀，覺得最近和夫似乎又長高了些。

淨子拿著一盒糕餅，踩著新買的木屐，喀拉喀拉地從簷廊上直奔而來。

「哥哥，靜奈帶了甜點過來喔！」淨子搖晃著手上的紙盒，高興的說道。

和夫趕緊用手臂擦掉眼角未乾的眼淚。

伊美轉過身，微彎的眼睛靜靜地看著淨子。

「媽媽，下午靜奈過來找我玩……我……」淨子沒有發現母親和哥哥間嚴肅的氣氛，還以為母親剛才的沉默是因為自己做錯事。

「靜奈來找妳玩很好啊！」伊美傾身摸摸淨子的頭。

「和夫快跟妹妹過去～別愣在這裡。」伊美向和夫說道。

「好！」和夫點頭道，聲音還帶了點沙啞。

伊美看著兩個孩子並肩走在一起，才放心走進印刷廠幫忙。

「哥哥，你怎麼啦？聲音怪怪的耶！」淨子挽起和夫的手，抬頭問道，豐潤的雙頰漾著健康的光澤。

「哈哈，哥哥沒事，走！我們快去找綾子跟靜奈。」

走不到幾步，還沒看到妹妹們，和夫就被飛過來的木屐打中。

伴隨著一聲尖叫，綁著兩根辮子的石川靜奈，單腳穿著木屐一高一低的跑了過來。

「和夫哥哥，對不起、對不起啦！會不會痛？」靜奈睜著圓圓的眼睛，著急的問道。

和夫一臉輕鬆的拍了拍大腿上木屐留下的灰塵。

「當然不會啦！我可是和夫哥哥耶！」

顧不得單腳穿著木屐，靜奈連忙從袖袋裡拿出一個小玻璃瓶。

靜奈認真的用雙手捧著玻璃瓶到和夫面前。

和夫有點吃驚的接下小巧的瓶子。

「裡面有九十九隻紙鶴，聽說和夫哥哥家裡有悲傷的事情，進哥哥也跟我說柿子樹的事情，本來要摺滿一千隻給和夫哥哥帶來幸福，但是今天進哥哥跟我說得有點突然，所以只能先湊齊九十九隻紙鶴的祝福。」靜奈漲紅著臉一口氣說完。

「喂～靜奈，妳跑哪去啦？木屐是側翻還是正立……」久等不到靜奈的綾子匆匆地跑過來找人，見到和夫和靜奈兩人臉紅困窘的模樣，忍不住噗哧一聲，笑了出來。

綾子撿起木屐遞給和夫。

和夫順手接過木屐並蹲下身，在綾子驚訝的目光中幫靜奈穿上。

靜奈覺得自己害羞到連腳跟都紅了。

「謝謝妳的紙鶴，我很喜歡，謝謝！」和夫站直身子緩緩地說，耳根卻也不著痕跡的通紅起來。

年幼的淨子還不明白發生什麼事，一把抓起和夫的手。

「哥哥，快點啦！我們一起進屋吃糕餅吧！淨子等哥哥很久了。」淨子說道，她不太明白為何大家的表情都怪怪的。

和夫領著三個妹妹進屋圍坐在榻榻米上，愉快地吃著靜奈母親做的糕餅。

好久沒這麼輕鬆自在了，和夫覺得一股暖流湧入胸口，並開始期待將從滿州國回來的兼一叔叔，他相信在天上的市助叔叔一定在暗中保佑著全家。

柿子樹的事情，讓和夫的同伴們都感到憤憤不平，義雄和石川進幾次建議和夫到十郎家上門理論，但他似乎都像沒事人一樣，絲毫沒有動作。

「和夫！難道你不生氣嗎？十郎這麼可惡，害你被老師處罰成這樣，連帶要準備入學考試的時間都少了很多。」義雄忍不住問道。

和夫坐在位子上，翻閱著剛從圖書室借來的書籍，頭也不抬的回道：「算了！得饒人處且饒人，就當作我當初識人不清，再說鹿兒島第一中學的考試，我有十足的把握，也不差那點時間準備……」話還沒說完，就被從剛進教室的清治打斷。

「你竟然在看醫學的書籍啊！」清治停下腳步驚訝道。

「難道只有你家可以看醫學書籍嗎？」義雄代替和夫回答，他早就對清治一付趾高氣昂，又喜歡暗地裡算計人的行為感到不齒。

「嗯，是啊！最近突然有興趣。」和夫從容地看了清治一眼又低頭繼續看書。

清治識趣的離開，走沒幾步又折了回來。

「你家裡是不是大掃除沒掃乾淨啊？瞧你手臂到處都是紅斑點點，該不會是過敏吧？若真是被跳蚤咬，那要小心警察到你家衛生檢查，沒過是會被處罰喔！」清治加重語氣「提醒」道。

「過幾個月和夫在當警察的叔叔，就會從滿州國回來，你說話小心一點……」義雄忍不住反駁道。在鹿兒島的警察地位是非常高的，連醫生都得聽警察的話。

「義雄！」和夫終於抬頭出聲，並制止義雄繼續說下去。

「清治，謝謝你的關心，我會注意的！」和夫臉上看不出任何表情。

和夫將書本闔上，謹慎地收進書包裡。

「走吧！義雄，趁午餐還沒抬進教室前，出去透透氣吧！」和夫起身對義雄說。

「清志，失陪了！」和夫點頭道。

教室外頭雖然陽光亮眼，卻一點都不熱，涼風徐徐吹拂著透紅的楓葉。

「義雄啊！你也是以第一中學為目標嗎？」倚著走廊外的矮牆，和夫突然沒頭沒腦的問道。

「那當然！怎麼了？」義雄眯著眼，面朝著刺眼的陽光反問。

「阿部老師在一個月前跟我說，以我的資質，第一中學絕對是考不上的。」和夫幽幽地說。

「是一時的氣話吧！那陣子阿部老師不是正在處理你跟鐮田君的事……」

和夫轉頭淡淡地看了義雄一眼，義雄立刻噤聲。

「對不起，我不該提那件事！」義雄低聲道。

「沒關係，那件事讓我體悟到要當一位領導者，是多麼不容易的事。」和夫邊說邊將飄落的楓葉接起。

「要有勇氣，要有犧牲及承擔的勇氣！」和夫繼續說道。

「哇喔！好深奧的哲理喔！」義雄睜大眼盯著和夫。

「是嗎？」和夫望著遠方道。

「總得要健康的活著吧！」和夫不著邊際的喃喃自語。

噹～噹噹～噹啷～午餐的鐘聲響起。

「走，我們進去吃飯吧！對了！今天放學一樣我會去圖書室，你們……」和夫停頓了一下，看著義雄。

義雄拍了拍和夫的肩膀，輕笑道：「哥兒們，不是嗎？你以為去了幾次我們就會厭倦了嗎？總是去爬樹、抓魚、玩遊戲，現在換換地方也不錯啊！」

義雄走進教室時，不禁回頭盯著和夫佈滿斑點的手臂。

「放心，消毒這個小事，是難不倒我們稻盛家的！」和夫知道義雄在擔心什麼。

義雄露出雪白的牙齒笑了笑，微皺的眉頭終於舒展開來。

總是被同伴前呼後擁的稻盛和夫，為了不讓母親太過擔心，每天放學後乖乖地整理校園；即使被誣賴而無辜挨罰，也沒有像過去一般，率眾向十郎「討公道」。

不知是過敏影響，還是內心煩悶，健壯的和夫竟患了風寒，雖然身上的紅斑和感冒很快痊癒，咳嗽的症狀仍是久久未退。

稻盛利則站在萬里無雲的晴空下，看著自家門前剛冒出新芽的河津櫻樹[4]。

4 鹿兒島的櫻花特有種，其花瓣較大，呈現厚重的粉紅色，為大島櫻與寒櫻的自然混和種。

「大哥，我出去啦！」從屋內跑出來的和夫，匆匆向站在院子裡的大哥利則打招呼。

「下個月就要入學考，不留在家裡讀書嗎？」與和夫神似的面孔，但眉宇間多了份嚴肅穩重的稻盛利則問道。

「去討論功課不用帶書本嗎？」利則的目光轉向和夫空蕩蕩的雙手。

「咳～咳～去石川進家討論功課……」和夫輕咳了幾聲回道。

「嘿嘿～」和夫乾笑了兩聲。

「天黑之前回來，不要玩太晚，雖然天氣逐漸暖和了，但也不能去玩水，你咳嗽還沒痊癒，知道了嗎？」利則走向身高矮他半截的和夫，低頭叮嚀道。

「知道，我會照顧自己的。」

利則望著和夫遠去的身影，輕輕的搖搖頭。

這個好大喜功的弟弟，真不知如何勸他才好，最近一年的成績從來沒拿過甲，還信誓旦旦的說自己一定能考取第一中學，都快考試了，卻整天只會跑出去玩耍，弟弟的同伴們雖然玩歸玩，但成績卻科科拿甲……真不知道和夫的自信從哪裡來的。

急忙往石川進家方向奔去地和夫，想快點與同伴們趕在天黑前到後山摘枇杷，還有石川靜奈……他右手不自覺地伸入衣袋裡，摸了摸準備回贈給靜奈的絲帶。

綁在靜奈的長馬尾上，一定很漂亮。

「喂！稻盛君～和夫～」前方傳來熟悉的呼喊聲。

瘦小的正男背著書包，氣喘吁吁的從對街的書店跑來，自從去年十郎的柿子樹事件後，正男就很少與和夫一同遊玩，幾乎變成獨行俠的他，升學考試變成唯一目標，只要在路上看到他，身上必定背著裝滿課本的書包。

遠方突然傳來轟轟巨響，街道有如地牛翻身般搖晃起來。

和夫、正男被突如其來的巨大聲響嚇呆了，站在原地一動也不敢動。

北方的天空忽地竄出長長的白煙，晴空下顯得觸目驚心。

「嗚嗚～嗚…………」

尖銳的警報聲響起，震耳欲聾的蜂鳴讓和夫不自覺的摀住耳朵。

劇烈的搖晃及刺耳的鳴叫，寧靜的鄉間頓時瀰漫著緊張的氣息。

天搖地動間，屋舍彷彿在旋轉，等到回過神時，和夫發現自己蹲在厚重的櫃子下，身旁散亂著幾十本書。

「喂！你還要抱多久，我快不能呼吸了。」胸前傳來正男沉悶的聲音。頭暈腦脹的和夫才發現自己竟緊緊抱著正男的頭，他連忙鬆手並將差點透不過氣來的正男從地板上拉起。

他尷尬地看著正男說道：「對不起、對不起，我剛真是太害怕、太緊張了。」

「孩子們，還好嗎？有嚇著嗎？只是防空警報的聲音，別怕！別怕！如果再響起警報聲，就跟著大人躲進防空洞就好了。」身後傳來陌生男子的探問聲，仔細一聽，滾珠般的嗓音像極了市助叔叔。

「青木叔叔，真是謝謝你……拉我們進來。」正男語調不穩地說道。

「和夫……原來是你啊！」青木叔叔驚訝道。

和夫疑惑的看著面前，長得像惠比壽[5]的陌生叔叔。

「不認得我了嗎？你五歲時，叔叔還抱過你，記得那時你還被嚇哭足足一小時…」

青木叔叔側過臉，拉了拉自己肥厚的耳垂，補充道：「和夫你小時候最喜歡捏住叔叔的

5 日本的七福神之一，頭戴黑漆帽、穿獵衣，雙手分別拿著釣竿及鯛魚，總是笑咪咪福氣至來的形象。

耳垂，有印象吧？」

「噢，記得了！是……祕密念佛會的叔叔。」和夫說到「祕密念佛」時，突然降低了音量。

「哈哈哈哈哈，沒關係，和夫現在可以大聲講念佛會，不會有人來抓的…哈哈哈…」青木叔叔縱聲大笑。

「叔叔，我要趕回家念書。和夫，我先走了。」好不容易穩下心神的正男，整理好身上的東西後，隨即離去。

「青木勝，拉進來的小孩都沒事的話，快來幫忙，這邊書架都倒了，快點！」書店內傳來女老闆纖細的催促聲。

「是的，大姐。」青木叔叔轉頭向室內朗聲回道。

「和夫，你也快回去準備考試吧！聽說你的目標是鹿兒島第一中學，這所學校不是這麼容易考上喔！」青木叔叔的眼神嚴肅起來。

呆立在凌亂書堆旁的和夫，突然覺得很想找地洞鑽進去，剛才發生地震及防空警報時的慌亂全都消失不見。

「那麼，叔叔，我先回家了，謝謝叔叔的幫忙跟提醒。」

和夫好像受到什麼刺激般，向青木叔叔道別後，沒有往石川進家的方向跑去，低著頭若有所思的漫步回家。

兩個月後。

「石川進，你真的不約他一塊去嗎？難得我們有機會搭電車到橫川玩，還可以吃到好吃的「蝦飯」又到阿久根泡溫泉……」文男不死心的問道。

第一中學考試放榜後，順利錄取的正男，父母為了讓兒子好好放鬆，特別規劃幾天的行程，搭乘電車沿線遊玩，也同時邀請正男的好友們一道前往

「不是我不想邀請和夫，你們都知道，和夫只能讀尋常高等小學校[6]，這樣約他去不是會讓他心情難受嗎？這……不太好吧！」石川進的濃眉緊蹙，原本討論行程時的笑容全都不

6 日本學制，小學畢業後可報考中學，若未錄取則就讀尋常高等小學校。

翼而飛，正男將邀約名單拿給他時，他毫不猶豫的對和夫投下反對票。

「好吧！既然石川進都這樣說了，那我就確定不邀請和夫。」正男將袖子捲了起來，露出細瘦蒼白的手臂。

「不過，我將會另外約清治一塊去。」正男說這句話時，特別看了石川進一眼。

「大家都知道清治因為突然發燒重病，才沒去參加考試，以他的資質，只不過是晚了一年就讀罷了。」正男「特別」補充道。

「西村正男，你這話是什麼意思？」石川進突然高聲道。

不知道是否因為妹妹喜歡和夫的關係，他無法接受任何一點對和夫不好的評語，暗示也不行。

「石川進，你就別生氣嘛！正男只是無心說說，難得大夥兒有機會搭電車出去遊玩，就別太在意。」文男連忙緩頰。

石川進繃著臉，一語不發的看著正男，他開始有點後悔這麼早答應一道出遊。

喀拉、喀拉、喀拉……

急促的木屐聲從後方的巷道中傳來。

「進哥哥…進…哥哥，終於找到你了！」

「綾子，妳怎麼跑來啦？」石川進驚訝問道。

稻盛綾子不顧旁邊兩人異樣的眼光，急急忙忙拉著石川進的衣襬。

「進哥哥，你快點來啦！靜奈又哭了，我勸都勸不住……」綾子任憑短髮散亂在兩頰，拼命拉著石川進。

其他人還沒回神，就看到石川進一臉驚慌的跟著綾子離去。

和夫閉著眼，背靠著自家門前粗壯的河津櫻樹，右側敞開的大門，剛好遮去他的身影。

「你也沒看到他嗎？」

「沒有、沒有，你想他有沒有可能跑到後山？」

「河邊我們都找過了，也沒看到他……應該是吧！走，我們快點。」

直到聲音遠去，和夫才將厚實的大門推開，他望著義雄、石川進背影的眼神有些空洞。

新學期開學快半個月了，除了義雄、川上，他總是躲著石川進和文男，尤其是看著好友們身上簇新的第一中學制服，內心就沒來由的……

「唉……」和夫輕嘆了口氣，彷彿筆挺的國民服就在眼前。

「哥哥，你在這啊！石川進哥哥在找你。」後方傳來綾子的聲音。

「哥哥，是不是心情不好，不然為什麼你都不理靜奈……」不知從哪跑來的淨子，小手拉著和夫的衣角，細長的眼睛睜地大大的，似乎快哭出來。

「妳們先進屋，待會哥哥會自己去找石川進，沒事的好嗎！」和夫蹲下身子平視著淨子，繼續說道：「哥哥沒有不理靜奈，因為哥哥要準備明年重考鹿兒島第一中學，必須多點時間念書，還是……你不喜歡哥哥讀第一中學？」

淨子鼓著腮幫子，大力搖頭。

「咳咳咳……」一陣寒意從背部竄起，和夫忍不住咳了起來。

升上小學五年級的綾子，明顯成熟很多，她若有所思的望著哥哥，隨即走過去牽起淨子的手。

「哥，我帶淨子進屋。」

和夫掩著嘴摀住劇咳，點頭。

現在是稻盛調進堂[7]的休息時間，整座宅院幾乎靜悄悄的，沒有半點聲音。

陽光從雲層中灑落，幾陣微風輕輕地吹落樹梢的櫻花。

「和夫～」

粗啞的聲音從背後響起，和夫轉過身，還沒會意過來就被人重重摟住肩膀。

「哥兒們就是要在一起，我，石川進休學陪你重考一次。」石川進放開和夫的肩膀，濃眉下的大眼注視著他，語氣堅定的說道。

義雄不發一語的站在石川進旁邊，微黑的臉上帶點責難，也開口道：「堂堂鹿兒島的男子漢，只不過是入學考試沒通過，有需要東躲西藏嗎？我，太田義雄，也陪著你重考第一中學。」他右手用力拍著胸膛。

「你……你們…都知道…」和夫不知所措的倒退了幾步，細長的眼泛著淚光，字字句句都敲進心坎。

「我們是哥兒們不是嗎？並肩站在一塊，有福同享有苦當然一起嚐，重考鹿兒島第一中

---

7 和夫的父親——稻盛畩市所經營的印刷廠。

學不用怕一個人孤單，我們也陪著你奮戰，明年一起入學，從現在開始，大夥兒都跟著你準備重考。」石川進挑著雙粗眉，鏗鏘有力地說道。

稻盛和夫覺得自己胸口有塊硬物哽住，他一言不發的向前，敞開雙手大力的環住義雄及石川進的肩頭。

咚~三顆頭顱撞在一起，發出一聲悶響。

「謝謝你們……謝謝…咳咳咳…謝謝……」和夫哽咽的說不出話來。

遠遠站在簷廊上的伊美，看著自家門前的三個大男孩互相抱成一團，淚水緩緩滑下臉頰。

稻盛家裡又恢復往常的歡笑，石川進在和夫的勸說之下，繼續留在第一中學，更肩負起「重考必勝團」的團長角色，督促和夫、義雄及川上，再度準備明年的第一中學入學考。

夕陽餘暉壟罩大地。

校園樓房上的黑色石棉瓦，反射出耀眼的光芒。

和夫一行人，踏著長長影子走出圖書館的圓形拱門。

前方的川上，突然停下腳步，從褲袋裡掏出一罐藥膏。

「這是從國外寄回來的消炎止癢藥，洗澡後塗上，效果還不錯。」川上向和夫說道。和夫手臂上的紅斑兩個月前痊癒後，三天前脖子又冒出紅疹，川上美國的姑姑去年寄來的藥品中，就屬這罐止癢消腫的效果最好。

尚未走遠的文男聽到川上的叮嚀，轉頭戲謔道：「對阿！再加上石川進妹妹的紙鶴加持，好的更是快啊！」

「文男！」和夫不禁面紅耳赤，上個月石川進的妹妹又送來一瓶千紙鶴，祝福他能順利重考上第一中學，消息很快被傳開。

文男靈活地躲開和夫的追擊，一溜煙就跑的不知去向。

川上走向和夫，大力地朝他的手臂拍了下，輕笑道：「就這樣，記得別忘了啊！」說完便扶著前陣子不小心被車輪壓傷腳的石川進，跟著義雄往反方向離去。

目送著夥伴們離去的身影，和夫抬起頭望著天邊的彩霞，深深地吸了空氣。

真是涼爽啊！

踏著輕快的步伐回到家中，還沒拉開房門就聽到混濁的咳嗽聲。

和夫不由自主地望向半個月前才返回日本，兼一叔叔所居住的房間。

「回來啦！和夫！」伊美的聲音從廚房傳出。

「快將矮桌子搬出來排好，待會準備先吃飯了！」伊美的聲音和著煮菜爆香的滋滋聲，誘人味蕾的辛香漫延開來。

「好的！」和夫大聲回答。

怎麼今天早了一小時開飯？

雖然滿腹疑慮，和夫還是將身上的背包、書本放回房間後，立刻將矮桌排放好，並俐落地擺上十一副餐具。

「只要擺上十副就好了！待會兼一叔叔不會跟我們一道用餐，」伊美在廚房大聲道。

喀、喀、喀。

屋外傳來沉穩的腳步聲。

印刷廠內的悶熱再加上勞累的工作，不一會兒額頭又佈滿汗水，稻盛畩市臉上堆著笑，一邊拿脖子上的毛巾拭汗。

稻盛畩市比平常還要早進到屋內，轉頭對著身後的印刷廠員工及臨時幫忙的鄰居們，欠身道：「真是抱歉啊！又拖到這麼晚。」

和夫看到父親及其他叔叔、阿姨們進到屋內，像往常一般深深行禮。

「您好！辛苦了！」和夫中規中矩地說道。

伊美和在廚房幫忙的山口阿姨，也剛剛將晚餐擺放好。

烏龍麵、烤竹筴魚、清淡的豆腐、野菜、裹上麵包屑油炸的豬排……，看得讓人不禁食指大動。

「爸爸回來啦！」從洗手間走出來的淨子，聽到父親渾厚的嗓音立刻衝了出來。

稻盛畩市立刻蹲下身，一把將淨子抱個滿懷。

「淨子最乖了！」稻盛畩市原本緊繃地眉頭立刻舒展開來。

「叔叔好！阿姨好！待會記得先洗手再吃飯喔！」賴在父親懷裡撒嬌的淨子，不忘跟一旁的長輩們打招呼，童言童語的模樣讓人不禁莞爾。

「叔叔阿姨好！」隨後走出的綾子也跟著向長輩行禮問安。

「和夫，快來幫忙端飯菜到叔叔房間。」伊美在廚房裡呼喚道。

「好的！」和夫聽到母親的呼喚，立刻走進廚房，將餐盤端進叔叔的房間。

和夫拿著餐盤，小心翼翼地推開原本和叔叔共居的房門，一股濃濁的空氣混著刺鼻的藥水味，撲面而來，他呼吸不禁一窒。

「叔叔請用餐！」和夫將餐盤放在臥鋪旁的小餐檯說道。

原本壯碩的叔叔好像瘦了點。

躺在臥鋪上的兼一叔叔，吃力的翻身坐起。

「和夫啊！咳咳……真是麻煩你了…咳咳咳……」叔叔邊咳嗽邊困難地說道。

「你趕快去吃飯了！接下來叔叔會自己處理……咳咳！」叔叔抬頭看著一臉不知所措地和夫說道。

「叔叔，空氣有點悶，需要幫您推開窗戶嗎？」和夫起身後問道。

「咳咳咳……」一陣劇烈的咳嗽讓兼一叔叔說不出話，他摀著嘴點頭。

和夫將窗戶推開，清涼新鮮的空氣竄了進來，讓他原本有點混沌地腦袋清醒不少；不知為何，今天總覺得有點悶熱，和夫不禁又抓了抓發癢的脖子。

和夫走出叔叔的房間，看到父親和印刷廠員工及附近來幫忙的鄰居們，已經在用餐了。

「和夫！你怎麼臉有點潮紅？瞧瞧這脖子……一點一點的…是疹子嗎？」正要跪坐下來吃飯的山口阿姨驚呼道。

山口知子重新站起身，走向和夫並摸了摸他微微發燙的額頭。

「唉呦……身體不舒服就不要硬撐！」山口知子皺著眉頭說。

和夫抓了抓手臂上的紅疹道：「阿姨，我平常體溫就比較高，除了被跳蚤咬得癢癢的之外，其他什麼感覺也沒啊！」

「謝謝山口阿姨的關心，我會注意的，請先用餐吧！」和夫微微欠身。

「和夫，快來用餐，炸豬排要趁熱吃。」正從廚房走出的伊美，將手在圍裙上擦了擦。

「哥哥，快來吃飯啦！不然你最愛的竹筴魚要被我吃掉啦！」手拿著湯匙，頭幾乎埋在碗裡的淨子，含糊的說道。

大家專注在用餐，山口阿姨聲音又細弱，所以誰也沒聽到山口知子與和夫在說些什麼。

「知子，妳待會一樣要去聽谷口老師上課嗎？」伊美邊幫綾子夾菜邊問。

「是啊！上了兩次課，就不知不覺的著迷了，谷口老師的理論相當有深度吶！」山口知子回道。

「是關於什麼內容？竟然可以讓知子這麼勤勞，一堂課都缺不得！」一旁好奇的女員工問道。

山口知子放下筷子，正經的說道：「幸福人生～」

大夥聽了都笑了起來，連幼小的淨子也跟著大人們吱吱咯咯地笑。

「哈哈哈，真的是好有深度。」女員工笑著說，筷子上的青菜差點掉下來。

稻盛晾市也不自覺地輕扯嘴角。

山口知子輕輕地聳聳肩，若無其事的繼續將碗裡的麵吃完。

晚餐就在愉快的氣氛下用完，由於山口阿姨要趕去上課，和夫就留下來幫忙母親收拾碗盤。

今天的和夫似乎精神不太好，幫忙整理完廚房後，沒有陪妹妹們玩，就直接準備梳洗睡覺。

叩叩叩、叩、叩

玄關外傳來一陣敲門聲。

正要進房間休息的和夫，匆匆的跑去開門。

推開大門，一股冷風竄入，和夫不禁縮了縮脖子。

「大哥，你回來啦！辛苦了，今天小叔叔在醫院還好嗎？」和夫看著利則大哥如往常般地問道。

「飯有比以前多吃一點嗎？」和夫盯著利則大哥手上的餐盒。

利則搖了搖頭，反手關上大門，室內溫暖的氣息讓他沖淡了不少疲憊。

「哥，你這樣太累了啦！明天開始換我去幫小叔叔送餐好了！」

正要回答和夫問題的利則，眼神突然停留在他的脖子上。

「這是跳蚤咬的嗎？」利則探出手，摸了摸和夫佈滿紅點的頸項。

「沒關係啦！哥，這個藥膏擦一擦，睡個一晚應該隔天就好了。」和夫忍著癢，接過利則手上的餐盒。

「爸媽都睡了嗎？」利則問道。

「沒～一樣在等你回來，哥，我今天要先去睡了，不知道為什麼，頭有點昏昏的，可能是在學校太累。」

春天的入學考試，是和夫心中的痛，看著昔日的同伴一個個穿上神氣的第一中學制服，自己卻只能進入尋常高等小學就讀，彷彿矮人一截的抬不起頭；明年春天的入學考，必定要好好把握；自從「重考必勝團」成立後，和夫天天往圖書館跑，除了準備考試，也去了解結核病的患病原因，和……

想到這，一年多前過世的市助叔叔，那張黯黑乾癟的臉突然浮現在腦海。加南嬸嬸也躺在病榻、兼雄叔叔在醫院也住了大半年……

突然一陣酸楚湧上……不、不，要堅強，結核病不過就是疾病的一種，找到抵抗及預防的方法就行了。

和夫告訴自己，一定要勇敢起來。

「和夫，怎麼了？你臉色不太對……」利則對和夫突如其來的沉默，皺了皺眉。

利則大步地繞到和夫面前，盯了弟弟半晌。

「累了就快去睡吧！東西我來整理就行。」當和夫還沉浸在自己的思緒中時，利則一把拿走餐盒。

和夫有點吃驚的望著空空如也的雙手，抬頭時利則大哥早已進到廚房，匡啷、匡啷的清洗著鐵製餐盒。

將大門嚴密地上鎖，順手將大燈關上，和夫便昏昏沉沉的晃進自己的房間，拉起被子，鑽進母親剛鋪好的床鋪，迷迷糊糊的睡去。

入冬之後，溫度一天比一天低，清晨上學的學生一個個都穿起長袖，披上外套。

「早啊！義雄。」站在校門前的文男，向低頭疾步走來的義雄打招呼。

不一會兒，石川進也腳步微跛的慢慢走近，兩個月前被壓傷腳的他，拆線之後，腳傷好得很快，已毋須再使用拐杖支撐，這幾天心情特別輕鬆。

「嘿～大夥兒，早啊！」石川進看見熟悉的同伴，愉快地打著招呼。

「咦？義雄，和夫怎麼沒跟你一道上學。」石川進轉頭望著義雄，狐疑問道。

義雄很快看了石川進一眼，雙手緊曳著書包，低著頭繼續行走。

「我說義雄，你……」

「和夫母親要我先去學校！」義雄很快的打斷石川進的話，說完便快步進入尋常高等小學的校園。

文男和石川進面面相覷，沒想到平常最沉穩的義雄，也有慌亂不安的時候。

兩個人也沒多想什麼，也匆匆地往鹿兒島第一中學的方向。

第一堂下課，隔壁班的川上來找和夫時，卻意外撲了空，當他看見坐在位子上發呆的義雄，二話不說便將他拉出教室。

低垂的烏雲讓入冬的天氣變得更加陰沉，連呼吸都感覺到一陣陣的寒意。

川上扯下自己的圍巾，抓起義雄的手臂，一把塞進他的手上，並說道：「喏，圍上才不會冷。」

川上快速的拉高身上絨布背心的拉鍊，將脖子嚴密的包住。

「你今天等不到和夫，就自己一個人來學校。」川上沉聲問道。

義雄兩眼無神的點點頭，兩手機械似地將圍巾套在脖子上。

「和夫媽媽要我先去上學……」義雄語氣平板地說。

義雄突然身體向前，大力地抱住川上，川上被他突如其來的舉動嚇的倒退一步。

「他也咳嗽的很嚴重，如果、如果是結核病……和夫的叔叔因為結核病死了，他嬸嬸也在今天早上死了……你知道…你知道，和夫他從來沒請過假，今天卻……」義雄濃濁的鼻音壓抑著哭聲，斷斷續續的將心裡害怕的事，一字一句顫抖地說出。

川上垂著手，靜靜的聽著。

走廊兩旁堆積的枯葉，被一陣風捲起又吹落。

川上還沒等義雄說完，便用力拉開他，並緊握著他的肩道：「放學後，我們就先去探望和夫。」

義雄也覺得自己身為鹿兒島的男子漢，怎會如此輕易掉淚，尷尬一笑後，點點頭。

「太田義雄——」川上後方傳來爽朗渾厚的聲音。

川上立刻轉過身，與義雄並肩站在一起，鞠躬道：「土井老師您好！」

義雄低身時，快速將眼角的淚痕擦掉。

「這次中學入學考的模擬測驗，你們兩個都拿到相當不錯的成績，想必很快就可以看到你們穿上第一中學的制服啦！第一次沒考上沒關係，只要夠努力明年上榜一定沒問題。對了，聽說和夫今天在家休養，你們記得上課筆記抄仔細點，放學後再帶去給和夫。」土井老師說話時，嘴角的笑紋更深了。

「是！」兩人一同回道。

土井老師正要開口交待兩人一些事情，卻突然瞧見身材魁梧的島津老師從走廊轉角處走來。

他叮嚀幾句注意身體健康的話，隨即快步離去走向島津老師。

「聽說學期結束後，土井老師跟島津老師就要一起被調到私立鹿兒島中學。」目送土井老師離開後，川上幽幽說道。

義雄有點吃驚的看著川上。

「你說土井老師也要被調離開這裡？不是只有島津老師要被調離嗎？」義雄睜大眼說道。

土井老師是他們共同的專任老師，剛升上尋常高等小學時，常常受到土井老師的照顧，無論發生什麼難解的事，找土井老師就對了！

冬天蕭瑟的風，微微刺膚，灰濛濛的天空更增添了些許寒意。

離第二堂上課還有一段時間，義雄和川上索性坐在走廊盡頭的台階上。

兩個人默默的看著前方操場上，相互追趕、嬉戲的同學。

操場中央站著一個人，由於距離有點遠，只看著他兩隻手似乎在比劃指揮左右兩群人，玩著敵我兩方的競技遊戲……平日與和夫遊玩的身影，彷彿就在眼前。

川上收回視線，盯著腳邊的階梯，不自覺輕嘆了一口氣。

「和夫的市助叔叔還在世的時候，有一天和夫突然跟我講說，住在隔壁棟的叔叔罹患了嚴重的結核病……你知道，這種根本患病後就沒辦法痊癒的疾病，得了就是宣判死刑。和夫說這種病，醫書上記載連病患呼吸過的空氣都會傳染，所以每次他經過叔叔家前時，都是憋著氣走過……」

義雄的眼神飄忽的看著遠方，頓了會又繼續說道：

「就在和夫的叔叔去年過世前的一個禮拜，好像是帶我們去十郎家摘柿子的隔天吧！記得那一整天，和夫顯得難過異常，而且整個人似乎心事重重，放學後我就不斷地追問他……」

川上盯著義雄稜角分明的側臉，伸出右手環過他的肩，緊緊握了一下。

「他說，叔叔病逝的那一天，他走進叔叔的屋子，心情沒來由的沉重，只記得跟以前跟叔叔間的感情及過去生活點滴，其他的事全忘了！會不會……」義雄的嘴角微微地抖著。

「結核病不會這麼容易傳染的，更何況那是去年的事了。」川上打斷他的話。

「那麼今天和夫缺席病假，又怎麼說？最近經過西田橋的治喪隊伍愈來愈多，據大中寺的住持說，全都是結核病死的，裡頭還有不少小學生，我真的好怕、好怕……」住在西田橋頭的義雄，過去最常看到的是迎神的隊伍，但如今卻是……

噹噹噹～噹～噹

上課鐘聲敲破了窒息的沉默，川上很快轉身站起，並一把拉起陷入不安的義雄。不遠處，二、三十位高矮胖瘦不一的學生踩著零亂的腳步，從操場往台階方向衝來，各個神色匆忙地趕著回教室上課。

川上的步伐有點快，義雄恍惚的跟在川上後面，慢慢的走著。

忽然義雄右肩被猛力一撞，他一個重心不穩連滑帶滾的摔倒在地。

「走路這麼慢，沒聽到上課鐘聲響了嗎？台階前還擋路！」撞到義雄的同學挺著高壯的身軀，非但沒有道歉還滿臉譏誚地大聲嘲諷道。

清治不知從哪裡冒出，一個箭步往態度惡劣的男同學衝去，突地擋在義雄前。

「克己，你在做什麼？撞到人還不趕快道歉！」清治對著足足高他一個頭的男同學喝斥道。

川上聽到義雄摔倒的聲音便馬上轉身將他扶起，幫義雄拍掉身上的髒污後，急忙問道：「有受傷嗎？」

義雄滿臉驚嚇的搖搖頭，冬天厚重的長袖衣褲讓衝擊力道減緩不少，除了手掌些微的擦傷外，並無大礙。

正當川上彎腰幫義雄撿起掉落到一旁的圍巾時，剛好跟清治對上眼。

旁邊的義雄看到清治那張俊俏而醒目的側臉，在他眼中清治就是陷害和夫的禍首，去年若不是清治教唆十郎，和夫也不會被老師處罰，天天放學後在外頭掃地，受風受寒，甚至現在可能還得了無法治療的肺病……

此刻義雄再也忍不住內心的激憤，宣洩似的奔向清治。

川上剛回過神，就看到義雄一拳揮向清治的胸口。

碰的一聲，清治猝不及防地倒在地上。

「你居然對幫你解危的恩人如此報答嗎？」由於松本醫師平常對清治的訓練，他立刻身手矯捷翻身站起，衝向前雙手抓住義雄的領口，轉身單腳一勾用力將義雄摔了出去。

情緒激動的兩個人很快的扭打在一塊。

川上幾番試著要將他們兩個拉開，但兩個人幾乎都陷入瘋狂的狀態，相互踢打拉扯，好幾次川上都不小心被踢中。

嗶～嗶嗶～

一陣急促的哨音響起。

「你們在做什麼？還不快給我住手！」準備返回辦公室的體育老師看到扭打在一起的兩人，連忙跑來大聲喝斥。

義雄和清治雖然停了下來，仍瞪視著對方不肯鬆手，氣喘吁吁的牢牢抓住對方的衣領。

「你們兩個，才剛離開老師的視線沒多久又出事！」體育老師皺著眉看向義雄及清治。

清治聽到這句話，馬上放開揪住義雄的手，深深吸口氣退後幾步並向義雄鞠躬道歉：「請原諒我的無禮及失常，對不起！」說完又對著義雄再度快速的彎腰行禮，起身後轉向體育老師，面無表情直挺挺的站著[8]。

「一切都是我的錯，請您懲處！」清治低頭對著體育老師說。

體育老師冷著臉雙手抱胸，兩眼不斷在幾人間打轉，似乎在思索什麼。

「你們都先進教室上課，放學後到三樓辦公室來找我。清治，你先跟我過來！」體育老師揮了揮手，示意其他三人先離開。

川上很快拉著義雄匆匆離去，在途中義雄三番兩次想折返回去找老師說清楚，都被川上勸了下來。

「你不覺得清治跟老師的關係很不錯嗎？」川上對著義雄解釋道。

義雄咬了咬牙，只能無奈的接受，快步地跟著川上跑回教室上課。

◇◇◇

放學後，義雄果真被體育老師單獨留下來處罰，他頂著寒風在走廊罰站足足一個小時，

8 日本人習慣行禮如儀。

而川上、石川進在老師進辦公室休息時，也偷偷溜到義雄旁邊陪著他。

義雄眼角餘光注意到旁邊熟悉的身影，感動的淚水在眼眶中打轉。

大夥兒心中深深掛念和夫病情，三雙眼睛緊盯著前方中庭佇立的大時鐘，一分一秒的倒數著。

好不容易捱過了一個小時，義雄一行三人顧不得早被凍僵的身體，揹著書包急急忙忙的趕到和夫家。

進到和夫家敞開的庭院大門，就聽到印刷機喀啦、喀啦的運轉聲。

正當義雄一行人探頭探腦的找尋時，和夫的母親穿著一襲藍色素面的結城和服[9]，手牽著綾子、淨子正準備走出屋子。

眼尖的石川進立刻認出和夫母親。

「伯母、伯母，是我啦！石川進！」他用力揮著手大喊。

「是進啊！」和夫母親望向院子的大門。

9 結城和服是產於「結城」地方的絹品做成的高級和服。

川上注意到和夫母親的神色有異，他拉了拉石川進的衣角，迅速與石川進對看了一眼。

「伯母，我們是來探望和夫的，順便將今天上課筆記帶來，班上的同學都很掛念他的健康，希望他早日康復。」川上禮貌的說道，成熟的口吻不似一般十二歲的孩童。

伊美有些疲憊的看著他們，臉上帶著淺淺的微笑點頭道：「和夫有你們這群朋友真是他的福氣。快進來吧！他剛從醫院回來，還沒睡下。」

「哥哥們好！」還沒等母親說完，一旁的綾子拉著妹妹淨子，向川上一行人打招呼。

伊美彎下身溫柔地看著綾子並說道：「妳帶著妹妹先去找爸爸，媽媽待會再去找妳們。」

綾子乖巧的點點頭，牽著淨子很快的離開。

三個人隨著伊美繞過大門，穿過院子直接走到房子後頭的簷廊進到屋內。

「和夫，義雄、進和川上來看你囉！」伊美輕輕喊道。

屋內溫熱的空氣舒緩了三人早已凍僵的四肢，他們俐落的將書包排放於牆角，便跪坐在榻榻米上。

「你們來啦！」和夫臉上帶著棉布口罩，虛弱地慢慢從房門走出，聲音聽起來比往常沙啞低沉。

「和夫！」義雄一看到和夫出現，正要準備起身，和夫就示意他坐下。

「咳咳咳、咳咳……」

起居室稍涼的空氣，讓和夫忍不住咳了幾聲。

川上有點擔憂的看著和夫暗沉的臉色，才一天不見原本清亮的眼神就變得有些混濁。

和夫緩緩的坐在暖桌旁，氣息似乎還有些不穩，義雄立刻起身移動到和夫身旁，替他拍背順氣。

伊美從廚房端來點心茶水，親切的招呼幾聲後，旋即幫忙將暖桌內的炭火添上，方便他們取暖。

這時和夫才注意到，石川進的腳傷似乎好了大半，連先前不離身的拐杖也不見了。

和夫拉下口罩，雙手捧起熱茶喝了幾口啞著嗓子問道：「石川進你的腳傷？」

「快好了！縫線拆了之後，左腳踩地幾乎都不會痛了，當然拐杖也就不需要啦！這隻左腳可說是鐵打的，先前在空地踩到釘子兩個禮拜就痊癒，這次被輪子壓傷當然會好的更快！」石川進眨著和妹妹靜奈一樣的大眼自我調侃道。

「對了，這拿去！」石川進從書包裡拿出一個小巧的瓶子，裡面塞滿了大大小小的千紙鶴。

「靜奈拜託我拿給你的，一共九十九隻，意義我也不太懂，反正她就要我轉達，希望你早日康復。我真的很納悶，怎麼早上跟她說你請假，放學就變出滿滿一個瓶子的東西，先前我好像也看過一瓶一模一樣的……」

「哈哈哈哈哈……」義雄和川上不約而同的大笑起來。

和夫接過「不知道是第幾瓶」的千紙鶴後，害羞的將口罩迅速拉回，不好意思地往窗外看去，企圖遮掩他的情緒。

戶外飄著細雨，院子裡的樹只剩下禿禿的枝枒迎風搖曳著。

隨著暖桌內的爐火漸漸升起，溫熱的氣息圍繞著四個人，屋內瀰漫著柴火燃燒時淡淡的木頭香氣。

「土井老師非常關心你的狀況，還叮嚀我們務必要將今天上課筆記帶來，還有你今天去醫院，醫生怎麼說？」川上伸手將牆角書包拉近，掏出兩本教科書，邊問道。

「咳咳…醫生說是感冒引起的呼吸道發炎，加上跳蚤造成的過敏，所以身體會比較虛弱，吃個藥休息一陣子就好了！」和夫內心相當恐懼自己可能是得了肺結核，因為醫生檢查出有肺浸潤的現象，但仍避重就輕的回答，不想讓好友們太過擔憂。

聽到和夫的話，川上心中的石頭終於卸下。

義雄、石川進愉快的吃著桌上的餅乾，小口啜飲熱茶，分享著今天學校發生的趣事，和夫對他們來說就像親兄弟般，知道和夫只是一般的感冒及過敏，原本活潑的個性立刻顯露出來。

「咳咳咳、咳咳咳咳……」

劇烈的咳嗽讓和夫手中的熱茶潑了出來，滾燙的茶水灑在褲子，不一會兒就滲到大腿，和夫手忙腳亂的拿茶几上的抹布拭乾茶漬，左手摀嘴擋住飛濺的口沫，他忍住胸口因強烈收縮而產生的不適及腿上的灼熱，突然一股氣喘不過來，眼前一黑……旁邊的義雄見狀快速接過他手中的茶杯。

「和夫、和夫……」看到失去意識的和夫，石川進他們全都慌了手腳。

和夫在陷入昏迷前，看到了好友們驚慌的神色，想要伸出手要他們別擔心，全身的力氣卻被整片黑暗吸了進去。

◇◇◇

身體好重、好沉……現在不是傍晚嗎？為何沒聽到印刷廠房的機器運轉呢？寧靜到只有窗外寒風的陣陣呼嘯。

和夫睜開眼睛，適應了一會黑暗，發現自己躺在臥鋪身上蓋著厚重的棉被，正在狐疑怎麼回到臥房，而石川進他們又怎麼不見人影時，胸腔一陣劇烈的收縮。

「咳咳咳咳咳……咳咳…」猛烈的咳嗽讓他不由自主的壓住胸口。

突然嘴裡有股鹹鹹地腥味湧出，忍不住大力咳了出來，濃稠的液體噴濺在手心。

透過照射進來的月光，帶有大片血絲的痰赫然出現眼前，他壓抑住內心的恐慌，吃力的翻身坐起，才發現母親在房內，斜倚在牆角睡著了。

「和……和夫，你清醒啦！」伊美被和夫細微的動作驚醒，今天過度的疲憊，讓她的知覺變得有些遲鈍。

「媽……」和夫的聲音帶著哭腔。

敏銳的母性讓伊美瞬間清醒，衝向前抓起和夫的手，卻看到令人觸目的紅。

她忍住快要爆發的恐懼，穩住氣息輕聲道：「別怕，媽媽在旁邊，我們去沖洗一下，待會熬點熱湯給你喝。乖，明早我們再去醫院檢查，沒事的！」身體因為害怕而顫抖著，但伊美還是努力的安撫兒子。

伊美小心翼翼的攙扶著和夫離開臥鋪，仔細幫他穿上厚棉外套，生怕臥房外的冷空氣會讓和夫著涼。

沖洗後，和夫很快地又躺回臥鋪。

「進他們是晚上八點才回去的，義雄本來還要留下等你清醒，但實在是太晚了，外頭又冷，整夜沒回家睡覺他父母會擔心，媽媽就勸他先回家，明天放學後再來陪你。」伊美整理和夫因流汗而替換掉的裡衣，忙不迭地說。

她知道兒子內心在害怕什麼，現在當務之急，就是讓和夫好好休養，別讓他多想，重視朋友的他知道明天義雄還會過來，一定比較能安心入睡。

「媽媽去熬湯，你先好好躺著休息。」

和夫無力地睜著眼點點頭。

二十分鐘後，當伊美端著熬好的雞湯進房時，和夫已沉沉睡去。

不知過了多久，和夫被喉嚨燒灼的疼痛給喚醒。

他撐開眼皮，感覺早晨的太陽正斜斜照入。

門外傳來叮叮咚咚細微的腳步聲。

是綾子和淨子在奔跑玩耍吧！想到妹妹們可愛模樣，和夫乾裂的嘴角不禁上揚。

他摸了摸額頭，好像沒有那麼燙了，身體也似乎感覺輕鬆不少，準備起身時，房門被拉開，綾子圓圓的臉探了進來，確定臥病在床的哥哥已經清醒後，低聲問：「哥，你有好點了嗎？聽說哥哥昨天昏倒……」

「哥哥沒事啦！昨天是咳嗽太猛、身體又虛才不小心在起居室昏睡的。」和夫強裝沒事的解釋，並努力擠出最有朝氣的聲音。

綾子細細的眼睛揪著哥哥，頓了半晌，遞進一瓶溫熱的牛奶。

「哥哥，熱牛奶先喝了再起床吧！」她邊說邊點頭。

「媽媽已經幫哥哥請了幾天病假，我剛剛聽到的。」

和夫聽著綾子叨叨絮絮地敘說，同時將牛奶一飲而盡，滋潤乾渴已久的喉嚨。

應該是藥效的關係，退燒後整個人顯得神清氣爽，除了輕微地咳嗽沒有什麼不適，但一想到昨晚咳出的血痰，和夫突然大力的甩甩頭，告訴自己只不過是喉嚨出血，沒事的，但醫學書籍上的知識卻又清楚的印在腦海，咳血極有可能是肺結核的徵兆。

和夫用力的眨眼，企圖忘記剛才的恐懼，當他抬頭準備拿外衣時，看到妹妹站在面前，手裡拿著自己準備要穿的棕色厚外衣，眼裡呈滿了憂慮。

「哥，你怎麼呆呆的，不像平常的哥哥。」

「哥哥身體還沒完全好啊！」和夫裝作沒事般的笑道，他很快地套上外衣，帶著綾子走出臥房。

起居室飄散著飯菜香和柴火的氣息。

早上八點，父親早就在印刷廠工作，哥哥利則也到學校上學，只見母親跪坐在榻榻米，暖桌上擺好兩人份的碗筷、清粥、味噌山藥湯、炒蛋，還有昨天從醫院領回的藥包。

「媽媽想說你大概這時候會醒來，飯菜都準備好了，快趁熱吃吧！」伊美的眼眶有些浮腫，原本清澈的眼睛微泛著血絲。

和夫雙腳鑽進暖桌，熱流立刻包覆全身，綾子也學著哥哥下半身鑽進暖桌。

「哥哥，我吃飽囉！你跟媽媽快趁熱吃啊！」綾子說道。

「媽媽跟醫師講好了，十點帶你回醫院複診。」伊美垂下眼簾輕道。

和夫點點頭，幫母親盛碗清粥。

這頓飯吃得很靜，只有碗筷碰撞的聲音在起居室迴盪著。

從醫院回來後，吃完藥喝下母親煮好的紅豆湯，和夫不久便陷入昏睡。

轉眼就是放學時間，義雄一夥人背著書包喘吁吁的跑了過來，寒冷的天氣讓他們呼出的氣體變成白色。

「你們來啦！真是辛苦了，外頭冷先進來喝碗紅豆湯吧！」伊美對站在門口的義雄一行人說道。

「伯母，謝謝您！和夫現在還好嗎？大夥牽掛了和夫整天，非常想了解他的病況。」川上恭敬對伊美說道。

「他中午從醫院回來後，就睡著了，到現在還沒起床，先進來喝碗紅豆湯，暖暖身子，要說什麼到裡面講。」伊美柔和又堅定的態度，讓川上帶著其他人乖乖的換鞋進屋。

四個人默默捧著碗，喝完紅豆湯後，便起身告辭。

「伯母，我們知道您幫和夫請了幾天的病假，但在和夫還沒回學校上學前，我們每天都會幫他送來當天課堂抄寫的筆記。」義雄從書包裡拿出薄薄的記事本，恭敬的雙手遞上。

「我就先替和夫向你們道謝了！」伊美微微欠身，目送一行人離去。

傍晚，從印刷廠回來準備吃飯的稻盛畩市皺著濃眉，心事重重地盯著兒子的房門。

伊美從廚房走出，拍拍丈夫的背，輕道：「和夫下午四點有醒來，喝了熱粥、吃了藥後，又睡著了……」話還沒講完，和夫的臥房裡又傳來陣陣的咳嗽聲。

「淨子這幾天讓她繼續住在宇宿町的外婆家吧！有其他哥哥們的陪伴，應該沒什麼問題。」稻盛畩市歉咎地凝視自己的妻子，繼續說道：「知道妳會不捨，但淨子年小體弱，和夫又被診斷出是初期的……」

「不！你別說，畩市拜託你不要說……」伊美在丈夫前藏不住內心的恐懼，眼淚撲簌簌的掉了下來，市助的死亡、重病在床的加南、還有一直在醫院療養的兼雄，早已在她心裡深深的埋下陰影，而和夫，她的寶貝兒子……

伊美不知所措的哭攤在丈夫的懷裡，眼見和夫不斷的發燒又囈語不斷，身為母親卻只能眼睜睜的看兒子受苦。

◊◊◊

雪絮紛飛。

清晨的天空，落下入冬以來第一場雪。

往年稻盛家在這時總是最熱鬧的，大哥利則會帶著和夫、其他五個弟妹及和夫的好友們在細雪中追逐玩耍，但今年因為家中接二連三的出現罹患肺病的病人，讓整個家籠罩著沉鬱的氣氛。

稻盛�市的二兒子罹患不治之症的消息，很快的在街坊鄰居中傳開。

「伊美！伊美！」稻盛家隔壁的山口阿姨，站在自家院子向伊美打招呼。

「你們家的和夫還好嗎？已經連續五天沒看到他去上學了！」滿臉擔憂的山口阿姨看著伊美。

「最近我家和夫的咳嗽特別嚴重，發燒好不容易退了，沒隔多久又開始發燒。唉……不得已只好向學校多請幾天假，我……真的謝謝妳的關心！」伊美抱著裝滿雜物的簍子，話說到一半又停了下來。

「我先進屋料理家裡的事。」伊美嘆了口氣。

「和夫可能是那個病嗎？」山口阿姨追問道，眉宇間流露出悲憫的神色。

伊美搖搖頭不發一語的進屋，山口阿姨看著伊美蕭索的背影，微駝的背似乎壓著千斤重。

好幾個禮拜過去了，和夫總是昏昏沉沉，恍惚間看到許多擔憂著急的面孔，他……會死嗎？

自從咳出血痰後，體力好像在一點一滴的流失，白天清醒的時間似乎變少，每次只要咳嗽都伴隨著肺部劇烈的疼痛，印象中，去年過世的市助叔叔生前也常在喊胸疼……對了！喊疼前叔叔也是不停地咳出血痰……

想到這裡，和夫才發現衣襟早已濕濡成一片。

他胡亂抹去臉上的淚痕，翻身下床，想到院子裡散散心。套上厚長褲才走沒幾步，褲子竟滑落下來，和夫蹲在房間的地板上，顫抖的拉著母親親手裁縫的拉繩褲頭，不禁嚎啕大哭。

「咳咳咳……」猛烈的劇咳，讓他重心不穩跌坐在地。

碰的一聲，屁股的痠麻，讓他腦袋瞬間清醒。等等……院子彷彿有人在呼喊他的名字。他趕忙穿戴整齊走出房間，還沒拉開通往院子的拉門，陣陣從縫隙鑽進的寒風，又讓和夫猛然咳了幾聲。

「小和夫、小和夫！我是山口阿姨，有聽到嗎？小和夫！」熟悉的音調和著冷冽的風傳來令人心暖的聲音。

「別急著出來，再進去多穿件厚大衣。」山口阿姨聽到和夫的劇烈咳嗽聲連忙阻止道。過了五分鐘，和夫才緩緩地拉開門走出屋子，看到山口阿姨站在相隔兩家庭院的圍牆旁。

「和夫，你慢慢過來，阿姨有事要跟你講。」山口阿姨頭上的毛帽和脖子的圍巾幾乎快將她尖瘦的臉淹沒。

連日的高燒讓和夫的體力削減了大半，連帶著視線也較難聚焦，他拉高大衣領子，稍稍深吸了口氣才踏進院子。

積著薄雪的地面，讓和夫的步履有些不穩。

「身體有比較好了嗎？看你的樣子，好像恢復許多……」山口阿姨聲音微抖地說，並伸出手輕輕摸摸他的頭。

眼前的和夫兩眼凹陷無神、臉色泛黑，連走路都不穩，看出來是勉強撐著虛弱的身體，但她還是要對和夫說「恢復的不錯」鼓勵這勇敢的孩子。

「小和夫，外頭冷，阿姨不跟你多說了！這本書你拿去看，應該對你很有幫助。」山口阿姨遞出一本跟學校課本差不多大的書。

和夫伸出骨節分明的手，吃力地接下。

「快進去吧！」山口阿姨催促著，不一會兒又急忙補充道：「要認真看喔！雖然有點難，但一定會對你有幫助的。」

「好，我會的，謝謝阿姨。」和夫微微欠身後，慢慢的轉頭進屋。

《生命的實相》　谷口雅夫 著

回到臥房，和夫捧著書，仔仔細細的端詳黑色封皮上燙金的字體，沒多久一陣疲憊襲來，還來不及拉好被子，便又昏睡過去。

書，從和夫手中無力的掉落地面。

天還沒亮，稻盛家的大門早已敞開。

稻盛�市穿著丈青色普段[10]帶著利則及和夫的弟弟們打掃庭院，伊美則是在廚房裡忙進忙出。

訪客陸陸續續到了，他們踏著極輕的步伐，向站在庭院的畩市彎腰致意。

他們都是過去祕密念佛會[11]的成員。

起居室的矮桌上擺滿點心與剛沖好的抹茶，暖桌裡的柴火發出燃燒時迸裂的聲音，空氣漫著清晨特有的乾爽氣味。

「上杉先生、上杉太太，真是有勞你們還大老遠跑這麼一趟。」伊美端著一疊茶碗，對著剛落坐的上杉夫婦招呼道。

10 日常和服的一種，具有「結實、耐久、簡單」的性質，可以在多種普通場和穿著。

11 一向宗（淨土宗）主張一心唸佛，即可往生淨土成佛；日本德川時期 1603 年～ 1867 年，一向宗被政府鎮壓，虔誠的信眾祕密地守護宗教，因而流傳下來的習慣。

「沒有、沒有，是我們打擾了！」上杉太太輕輕說道，高挑的個子坐在略顯矮壯的丈夫身邊，有種奇異的協調感。

「石川勳，你也來啦！真是難得。」早就坐在榻榻米上的青木勝，滾珠般的嗓音，讓原本疏冷的氣氛彷彿熱絡起來。

「青木勝，好久沒看到你了，還是如此福氣的模樣。」石川進的父親——石川勳笑著說。方正的國字臉，讓人覺得有些嚴肅。

「南無、南無，感恩。感恩稻盛畯市，提供如此舒適的場所，讓我們能聚在一起祈福，南無、南無，感恩」青木勝雙手合十，對著剛走進起居室的稻盛畯市說道。

「南無、南無，感恩。」其他人包括稻盛畯市也同時合掌誦念著祝禱詞。

「謝謝大家特別到寒舍為小犬——和夫祈福。」畯市簡短的致謝。

「別這麼說啊！相會即是有緣，何況你們稻盛家族一向都是秘密念佛會的重要成員。不用如此客氣，佛經不是提到一句話『諸相非相』，相——即是五蘊[12]執著，產生的業力、果報……等等，這些大師曾跟我們開示過的，不是嗎？」上杉哲郎對著畯市說完後，捧起茶碗高舉至

12 五蘊即是「色蘊、受蘊、想蘊、行蘊、識蘊」，蘊—梵文，又可譯為「聚」，積增聚合之意。

眉心，停了三秒才放下輕啜一口，接著又開口問道：「令郎……和夫的病況，如何？」

「等等～話怎麼講到一半，上杉兄！你剛說『諸相非相』都還沒說完？」青木勝不等稻盛晀市回答，便急忙插嘴。

「呵呵～不急，青木老弟！」上杉哲郎笑著揮了揮手。

「感謝大家的關心，小犬最近病況比較穩定，發燒次數減少了許多，只是仍時常昏睡。」稻盛晀市輕嘆了一聲，狹長方正的臉略為黯淡。

「這就是我剛說的『相』。」上杉哲郎說道。

「相？」聽到的人不約而同發出疑問。

「看來你們真的都忘了，多年前大師在山間小屋裡的開示。相……即為心念的反射，我們周遭所感知到的就是『諸相』，當然也包括自己。所以心裡想什麼、害怕什麼，就有可能影響『相』的變化。」上杉哲郎對主持聚會的稻盛晀市點點頭，又繼續說道：「晀市，所以我們更要精進禪定的功夫，看透自己的心念，至於令郎……」

「這我聽說了！山口知子好像拿了谷口老師的書給和夫。」青木勝打斷上杉哲郎的話說道。

頻頻被打斷的上杉哲郎沒有顯得不悅，還笑盈盈的點頭道：「《生命的實相》那本書，可能會對和夫有極大的助益。」

「說到這，突然想起谷口老師的『神論說』跟大師的『眾生皆有佛性』的論點，似乎有些不同……」上杉太太開口提問。

「妳指的是『人是神之子』嗎？其實萬本歸宗，還是回到人既是神之子，必然人也是未來的神。如此解釋，妳應該明白吧！」上杉哲郎回答太太的問題時，眼裡呈滿了溫柔。

「另一種角度解釋『神』，也就是大師曾說過的『覺心』---觀照世界當下不起分別想時，便是佛性。而佛性又不是這麼簡單就能顯現，必須透過磨練；因為，一次磨練，才能一次放下。」稻盛昹市緩緩說道。

「磨練，又是最讓人糾結不下的。」青木勝搖著頭低聲說，肩膀垂了下來。

「諸法因緣生、諸法因緣滅。佛陀曾說：「撥芭蕉葉時，撥到後面是空心。」」，當徹悟到萬法皆空時……離自在來去抑是不遠了。」上杉哲郎接著道。

眾人聽到上杉的言論，沉默了一會兒。

「哎呀！說的也太嚴肅，所謂萬法為心造。外界種種一切相，即是意念的化身，世間的種種一切果，皆為心念所造……這，又回到上杉兄所說的諸相非相，不是嗎？」青木勝一改剛才的沉鬱，語氣輕快道。

連接簷廊與起居室的拉門，被東方初起的晨曦照得透亮，院子裡傳來幾聲清脆的鳥鳴。

「茶都快涼了，快趁熱喝了吧！」坐在畋市旁邊的伊美曳著長袖幫大家斟茶，說話時下彎的嘴角輕輕揚起。

石川勳吃著微溫的海苔捲[13]靜靜聽著青木勝發表的言論，不斷點頭。

「石川勳，你也發表些意見嗎～」青木勝對石川勳舉杯道。

「要說什麼……」石川勳拉長了尾音，與眾人的目光交接後，不急不徐的說：「其實我們再如何修養心性，也逃不過時局的變化。唉～」他垂首嘆氣。

「八幡鋼廠那場轟炸，真是……該怎麼形容……廠房全都被炸彈夷為平地、面目全非，戰爭的可怕無情不是我們平民百姓所能控制的，最近的防空演習也愈來愈頻繁，也只能作好演練保護自己。」石川勳後面的聲音漸漸變小。

13 將馬鈴薯搗碎以高湯（昆布、鰹魚、肉、蔬菜熬煮的）、糖、鹽、醬油調味後，用烤海苔捲起。

「所以我們更要好好修持，體悟大師苦口婆心的開導，真正深入禪定才能更快地順應外界的變化。」青木勝接過伊美斟滿的茶碗，高聲說道。

秘密念佛會的成員，就這樣你一言我一語，從稻盛畩市的兒子病況，到戰爭的空襲，不斷用佛法的角度辯論著。

聚會到了尾聲，畩市依照慣例簡單地帶領祈福儀式，大家低頭合十念佛、誦念禱詞後，便一個個告退。

正當畩市及伊美站在簷廊，準備送走青杉夫婦時，凌亂的腳步從後方響起。

「爸爸、爸爸！」綾子顧不得禮貌，慌亂地從內室衝出。

「媽……快……來看哥哥……」她上氣不接下氣說道，淺藍色和服的兵兒帶[14]散亂地拖在身後。

伊美聽到綾子的叫喚，立刻直奔和夫的臥房，她摀住左胸口急遽的心跳，一邊不斷的祈禱。

14 和服比較輕便的腰帶，孩童穿著時大多使用，像長尾金魚垂在腰間。

送往醫院急診的和夫，在病床上待了三天三夜後，隔天清晨在家人的期盼下，恢復了穩定的呼吸。

◇◇◇

「這點心意請您笑納。」稻盛�市捧著精致的禮盒，低頭對松本醫生恭敬說道。

「不、不、不，這真的沒什麼，份內事、份內事，何況和夫是我從小看到大，又是小犬的好友，只是安排病床而已，不是什麼大事，用不著如此客氣。」松本醫生辭謝道。

「請您一定要收下，小犬的命可算是您從鬼門關前救回來的，若沒有您即時的幫忙，和夫可能就……」畩市突然接不下話來，腰又彎得更低了。

經過幾番推辭，松本醫生收下了沉甸甸的禮盒。

「對了，主治醫生提到，若和夫今晚沒有再發燒，明天就可以出院回家靜養。」松本醫生臨走前，停下腳步說道。

「但……也請注意千萬要做好消毒及隔離。」松本醫生面容嚴肅，斂眉思索一下，從上衣口袋中掏出一張折疊整齊的字條。

「主治醫生是我的學長，這是……千萬別給伊美看到啊！」

眦市點點頭，眼裡有著感激和說不出的情緒，恭敬地送松本醫生到醫院大門後，在折回病房時打開字條………順著字句讀下去，臉色越來越凝重。

北九州八幡鋼廠的空襲事件，讓南方鹿兒島瀰漫緊張氣氛，擔任民間消防隊隊長的稻盛畩市，來往奔波於防空演習及印刷廠的工作，在家的時間更少了。

偌大的宅邸因為稻盛家男孩們放學後都要到印刷廠幫忙，淨子、綾子在宇宿町的外婆家，整個家白天幾乎靜悄悄。

回家靜養的和夫，發燒情況減退不少，但食慾不振讓他日漸消瘦。

「和夫！」石川進拉開和夫臥房的門探頭進來。

「謝謝你來看我，咳咳咳……」和夫費勁的撐起身子，從被窩裡爬出來。

石川進熟練的將和夫扶起，斜坐在軟墊並披上毯子。

窗外昏暗的天色將窗噃染成墨綠，石川進望著玻璃窗外稀疏的枝葉，起身點亮書桌上的檯燈。

「我們家要準備搬到甲突川對面，照國神社的附近，可能會有段時間都不能來陪你，義雄他還是偶爾會來，但我就要等一切都安頓好。」石川進坐回椅墊時，面色有些暗淡。

和夫睜著凹陷的雙眼，無力的點點頭。

兩個人對坐無語，只剩和夫濃濁吃力的呼吸聲。

「我聽學校老師及大人們說，太平洋那裡的戰爭好像不太妙，北九州也發生了爆炸，總之，要小心就對了。」石川進說。

「我爸……是民間消防隊隊長……家裡……咳咳咳咳咳……」劇咳讓和夫說不出話，石川進連忙將一旁的保溫罐打開，倒了杯熱茶遞上。

「印刷廠底下的防空室，據說是鹿兒島最大最堅固的……咳咳……你可以慢點搬家嗎？」和夫問。

石川進微笑的看著好友，說道：「照國神社附近也有防空室啊！聽我爸說，堅固的程度可以媲美東京大城。所以，請一定要放心好好養病。」

和夫黯淡無神的眼睛有些哀愁。

「如果有一天，我死了……」

「別說不吉祥的話，你一定長命百歲的。」石川進不讓和夫說完，趨前將和夫身上的毯子蓋得更密實。

石川進抬頭看了看牆上的鐘。

「時間不早了，我還得去奶奶家接靜奈，你要好好保重，別去想奇怪的問題，希望下個月就可以在學校見到你；上課筆記之後是義雄負責，這禮拜的都已經放在書桌上。」石川進朝書桌的方向努努嘴。

「哈哈哈……咳咳…」和夫不禁被石川進的表情逗笑了。

「那我先走了。」石川進套上長大衣後，便起身離去，闔上房門前，還做了鬼臉，粗濃的眉毛硬生生的擠在一塊，厚唇掀開，活像學校裡謠傳的大魚怪。

「哈哈哈哈哈……咳咳…哈哈……你放心，我會努力養病的，學校見。」和夫靠在柔軟的墊子上，覺得身體漸漸舒坦起來。

◊◊◊

昭和二十年[15]春天，櫻島附近陸續發生炸彈空投事件，戰爭緊張的情勢讓南九州的居民

15 西元 1945 年。

惶惶不安。

「魚都翻白肚啦！這⋯⋯唉⋯⋯沒辦法捕魚怎麼生活，之前曬的魚乾呢？嗯⋯⋯⋯⋯」伊美將話筒支在肩頭，兩手忙著整理晚餐要煮的菜葉。

「對、對、對！去櫻島的船停開，你說島上的人連絡只能發電報⋯⋯電話線路都斷啦！真是可怕。」

伊美向力夫[16]招手，並指了指掛在牆上的籃子。

坐在起居室一隅埋首作業的力夫，很快的會意過來，起身到母親身邊，將兩大簍菜葉分裝好，矮壯結實的他手腳俐落，母親還在專心講電話時，就將半人高的簍子清空、推回廚房邊的儲藏室。

「我家的和夫嗎？託妳的福，氣色有好些，只是胃口還是有點差⋯⋯⋯⋯嗯、嗯，妳說這道菜可以提振食慾！」伊美的臉色頓時亮起，抽出圍裙裡的記事本，快速的將內容記下。

噠～噠～嗚～嗡～～～

16 和夫的大弟。

洪亮的防空警報聲，所有人立刻警覺的抬高頭、豎起耳朵。

「力夫，快將大家叫醒，是空襲警報演習，速度要快！」丈夫交代的話突然在伊美腦中浮起，前面連續五聲短促音才是真正的空襲警報。

震耳的鳴聲持續震撼著平靜的向晚時分，伊美鎮定地指揮孩子們帶著老邁的公公、小叔及和夫到印刷廠底下的防空室。

通往防空室的階梯極為陡峭，僅容一人攀爬行走，雖有保持空氣流通但仍掩不住撲鼻的霉味。

全部人都安置在固定位子後，利則仍牢牢抓住爺爺的腿，緊緊地背在身上。

「利則，可以放下爺爺沒關係。」爺爺有氣無力的說道，瘦長的身軀晃了晃。

「大哥，是演習啦！不用這樣，快放下爺爺。」和夫的聲音在漆黑的防空室中，特別響亮。

利則有點詫異，將爺爺小心翼翼的攙扶下來後，藉由頂部微弱的光源搜尋二弟的身影。

「我在這，大哥！」和夫朝利則的方向揮手。

外頭又傳來陣陣警報聲，強烈的音波震得地板茲茲作響，掩蓋過和夫的聲音，天花板的橫樑被激出一股又一股的煙塵。

稻盛家七人躲在寬敞的防空室中，按照平時的訓練蹲低身體彼此捱著。

密閉空間及幽暗的光線，前些日子在病榻上閱讀的文字，在和夫的腦海裡變得更加清晰。

瀕死的結核病，三天痊癒——「人是神之子，本來無病」，只要有這個觀念，心中即不會再有恐懼，隨著沒有恐懼，一切疾病都得立刻消失……

意念也就是命運的別號，因而，你只要把意念描繪在心中，它自然的變成你的命運。

我們心裡有一個磁石，會把周圍的事物吸引過來，無論是刀劍槍枝、災難疾病，或失業都是由心而引起的……

木頭潮濕的味道、略帶灰塵的空氣，並沒有讓罹患肺結核的和夫咳嗽連連，防空演習讓所有人神經緊繃，但和夫的頭腦卻異常清醒。他在心裡不斷反覆咀嚼這句話——我們的內心有一個磁石、我們的內心有一個磁石……

上次，石川進離開後，他終於提起精神翻開《生命的實相》。背脊湧上的寒意伴隨劇烈的咳嗽、模糊晃動的文字，其實很多句子他都不懂，但他還是努力地一個字、一個字讀下去。

或許┅┅讀完了，自己就有機會……活下來。

和夫渾身發抖、四肢虛軟的想著，所以我必須要想像美好的事物，那麼美好的事物就會出現在我身上。美好的事物、美好的世界……應該是沒有病痛、沒有戰爭、沒有空襲警報的世界吧！每天都能到河邊抓魚、山上的枇杷樹也都一直結著果子。父親的印刷廠生意會一直很好、很賺錢，家裡就可以請傭人打掃煮飯，母親就能買更好吃的菓子點心。

嗡～～嗡～～

警報解除的鳴聲，將和夫從冥想中拉回現實。

「咳咳……」和夫輕咳了兩下。雖然匆忙從臥房到防空室躲避，讓他冷汗直冒，但呼吸逐漸順暢的他，腳下的步伐變得更穩了。

「來，二哥，手伸過來給我。」已經爬上梯子的力夫，左手攀著梯架，結實的右手探向和夫。

昏黃的月光讓和夫的臉泛著平和的氣息，晦暗的神色似乎在那瞬間不見了。

力夫吃驚的看著二哥，用力眨了眨眼；扶起二哥回到起居室後，開始覺得有什麼不一樣，卻又說不上來。

伊美在廚房準備晚餐，其他人則是回到自己的房間。

和夫坐在榻榻米上細瘦的肩膀斜靠著牆壁，陪著力夫在起居室寫作業，順便閉目養神。

「明天還要去醫院回診，吃完飯後趁早休息。」伊美端著餐盤從廚房走出，對和夫說道。

和夫睜開眼，緩緩從榻榻米上爬起，跟著母親回到臥房；確定罹患結核病後，和夫就不再和家人共進餐食。

「主治醫生說，如果明天檢查狀況不錯，觀察連續三天不會再發燒，應該就可以回到學校上課了。」伊美放下晚餐及藥包後，將長袖的束帶鬆開，拿出袖袋裡藏放許久的護身符。

「這是外婆特別託人到淺草觀音寺求來的平安符，掛在脖子上，除了洗澡外，千別離身了，知道嗎？」

和夫低頭讓母親幫他戴上紅色錦布的護身符，正面書寫的大大的「福」字，背後則是觀音菩薩莊嚴的圖像。

伊美坐在和夫前，靜靜地看著他吃飯。

經過幾天的觀察，終於返校上課的和夫，第一堂就只能待在場邊觀看。

嘿、嘿嘿、哈、哈……

一年級學生，正集中在武道館裡訓練基本的防身術——空手道。動作零亂，但基本的正拳、上檔、下檔、掛槌、內擋，卻有些模樣。

第二堂——修身課……第三堂——算數課……用餐……第四堂……

在家靜養近兩個月的和夫頭一回覺得，上課是件多麼有趣又令人期待的事。

下午三點，放學鐘聲還沒敲響完，義雄、川上便急急忙忙從隔壁棟教室跑過來找和夫。

「稻盛和夫，人緣很好喔！」準備離開講台的社會老師，提著方型公事包，點頭對著和夫笑道。

戴著棉布口罩的和夫看不出表情，但細長的眼睛卻流露出感激。

「多謝老師照顧。」和夫站起來向老師行禮。

目送社會老師走出教室時，早就站在一旁的義雄已經幫和夫收拾好書包，並背在身上。

「快、走吧！」川上擔憂地看著和夫催促道。

時至夏日還穿著長袖的和夫勉強回校上課，大夥兒非常害怕他會在半途突然昏倒。

噹噹噹、噹啷、噹啷……

一行人快離開校門時，緊急鐘聲大響。

「東京現已遭受上百架巨型戰機 B-29 的轟炸，注意、注意現在東京、名古屋、大阪都已經遭受燒夷彈轟炸……嗶！請全體居民注意……嗶！請全體居民注意……請按照演習方式躲避，未解除警報前請勿外出。」

廣播聲停止時，死寂般的空氣環繞在街道，只剩下風呼嘯而過的聲音。

嗡～嗡嗡～～～嗡～

防空警報瞬間響徹雲霄。

義雄快速將和夫揹在寬厚的背膀上，臉色鐵青地跟著川上拔腿狂奔到學校大門旁的防空室入口。

兩尺半高一尺寬的鋼製大門前，很快排滿兩條長長的人龍，所有人安靜迅速的進入地下室。

五百八十坪[17]的防空室入口處，充斥著汗水的酸臭及潮濕氣味，但隨著人群漸漸往內散開，乾爽的空氣慢慢飄進。

個頭高的川上，在義雄前方領路，和夫緊抓住義雄的背，不停地大口喘氣。

為避免敵軍發現，防空室內的照明設備只有昏黃的指示燈，寬敞空間中窸窸窣窣的腳步聲迴盪，學校的教職員及尚未離開的學生約八百多人，依照平時的訓練井然有序的緊挨著蹲身抱頭。

「義雄、川上，我們手拉著彼此，待會解除警報時，義雄你不用揹我。」和夫隔著口罩附在兩人耳邊悶聲說道。

義雄、川上朝和夫方向睜大眼，直到適應了昏暗的燈光，才看清楚和夫認真的表情，和夫雖然瘦了一大圈，臉上的顴骨更凸了，但眼睛似乎恢復以往的清亮。

兩人不分由說地抓住和夫的手，點點頭。

人群裡頭傳來細弱的哭聲。

17 依據當時規定，教職員與學生每人的避難空間，應有 0.75 平方公尺，當時稻盛和夫就讀西田小學時，學生總人數約有 2600 人，由此估算防空避難室大小。

「噓～～～」旁邊立刻有人制止。

「拜託燒夷彈不要過來、拜託燒夷彈不要過來……」附近喃喃自語的禱告聲，好像是佐藤老師的聲音。

和夫蹲低身體兩手分別抓著義雄、川上，冷汗不斷地從額頭冒出。

嗡～嗡～嗡

警報解除的鳴聲，終於讓所有人鬆懈了緊繃的神經。

當踏出防空室大門時，和夫不禁深深地吸了一口氣。

五分鐘後，龐大的人群已經疏散，西田小學校園裡種植的杉木群，濃密的樹葉隨風搖曳。

和夫停下腳步，著迷似的望著高聳的杉木，他拉下濕濡的口罩微微仰頭閉目。

「我們快回家吧！時候不早了。」義雄在旁說道。

◊◊◊

鹿兒島第一中學的入學考放榜，校園門口的公告欄前聚著三三兩兩的人群。

「咳咳……」戴著口罩，和夫還是習慣性的摀著嘴。

沒有、沒有看到名字……

罹患肺結核的和夫，靠著好友們帶來的上課筆記及陪伴複習，也努力撐著孱弱的身體讀書並參加考試。

縣立鹿兒島第一中學校

他佇足在刻有校名的石碑前，眼光不斷徘徊流連。

在第一中學的偌大的校園裡繞了許久，和夫才慢慢踱步回到家中。

一週又週的過去，和夫的病情時好時壞，偶爾雖能回到學校上課，但大多數的日子，他都臥病在家。

太平洋戰爭的戰況，從去年六月開始愈演愈烈，防空警報的次數更加頻繁。對於是否能繼續參加考試進入中學讀書，對和夫來說幾乎已沒那麼重要了。日子就在發燒、臥病在床、上課、停課、躲避空襲中度過。

隨著節氣的遞嬗，氣溫足漸升高穩定，鹿兒島上的居民隨著不穩的戰爭情勢，卻日漸不安。大家都不知道巨型戰機的空投飛彈，何時會落到自己長年居住的家園。

喀啦、喀啦、喀啦……

兩輪推車的聲音，此起彼落的在街道上響起，許多人推著重要家當，準備往安全的地方藏放。三月十日的東京大空襲慘況，已從本州地區輾轉傳到了九州。

「他們都……都死啦…都死啦…一個人都沒活下來……」中年婦人蹲在路邊不斷的哭嚎，綁腿長褲磨破了幾個大洞，她用力搥打著旁邊的石板牆，鮮紅的血從指縫中滲出。

「太太、太太，我們先回家去。」兩旁的年輕女子一左一右著急架著衣衫零亂的中年婦人離開。

巷道的寧靜被無助慌亂的聲音取代，稻盛畩市經營的「稻盛調進堂」印刷的生意在紛亂情勢中，雖然需要多接些製作紙袋的工作，才能應付一家十多口的生活開支，但在空襲頻繁的戰火中能持續營運，就堪稱萬幸了！

「伊美，聽說上衫家在東京居住的兄弟四人，全都喪生在那場可怕的空襲，唉…真令人難過。」最近才來印刷廠幫忙的亞美，附在伊美的耳邊說道。

「隔壁那條街道，又在做消毒了，據說又有患結核病的人病逝，妳的小叔[18]應該也……」

18 稻盛畩市的最小弟弟——兼雄，長年因結核病在醫院靜養。

亞美不經意的提到。

「啊！對不起，說了不該說的話。伊美，真是對不起……我先到廠房折紙袋。」亞美很快的往印刷廠走去。

伊美看著她圓胖的背影，眉頭緊蹙。擔任民間消防隊隊長的丈夫，奔忙於大小小的防災訓練及空襲掩蔽救助，及防空室設備維護，自己則是一肩扛下印刷廠的工作。警報聲響起，所有工作一律停擺，為趕上交貨期限，縱使是鄰里間最愛說三道四的三姑六婆，也得好聲好氣的對待。

烏雲低垂，悶熱的空氣令人覺得煩躁。

「打擾了、打擾了！和夫在家嗎？」敞開的大門前，灰撲撲的站了一個綁著防空頭巾的男人。

「土井老師！您怎麼來了？」蹲坐在簷廊前發愣的和夫，連忙衝向前彎腰行禮。

「老師您好，我們家和夫真是多虧您的照顧。」伊美趨前低身道，原本在內室讀書的利則也拉開紙門，匆忙穿上木屐迎接。

「請進、請進，老師您快請進。」利則有禮的躬身招呼道。

「別如此多禮啦！我順路過來這裡，只是要提醒和夫，務必要參加兩週後的私立鹿兒島中等學校入學考，至於報名書，都已經幫和夫交出去了！和夫這孩子，是可造之材，若沒有繼續升學而停留在尋常小學校，曾經身為導師的我，還真是不捨啊！」土井老師露出大大地笑容，粗厚的手掌拍了拍和夫肩膀。

和夫聽到老師這番鼓勵的話，熱氣直衝腦門。

土井老師交代完事情後並沒有進屋，伊美一再的邀請未果，只好恭敬地領著兒子們站在大門，送老師離去。

數月後，稻盛和夫順利進入了私立鹿兒島中等學校。

漫天火光。

接二連三的爆炸聲，轟隆轟隆地不絕於耳。

沒有月色的夜晚，平時昏暗的街道被燃燒中的木造屋舍照得通亮，焦臭氣味薰天，分不清是爛泥燒乾的沼氣還是動物屍體的腥味。

巨大的火焰不斷地從整齊的屋舍中冒出，強勁的熱風撲打在倉皇逃竄的居民臉上，驚恐的尖叫聲此起彼落。

「嗡～嗡～嗡～警視長[19]命令藥師町、西田町、武町、鷹師町的居民，全部往高見橋方向撤離。」斷斷續續的廣播指令，幾乎淹沒在爆裂聲中。

高熱的濃煙從四面八方而來，稻盛一家人慌忙跟著人群逃向甲突川，此時「水」成了最重要的救命之源。

「跟上、跟緊點，力夫，推車的手把要抓牢……伊美、伊美！」背著淨子的稻盛畩市，在伸手不見五指的煙霧裡，著急的尋找妻子。

「我在這。」被煙燻的直流淚的伊美，在後頭一把拉住丈夫的腰帶。

身上披著濕毯子的和夫，吃力地跟著家人的腳步奔跑，他神經緊繃地抓住力則的手，深怕不留神就被人群給沖散。

逃往甲突川河畔的居民愈來愈多，B-29戰機轟炸的聲音漸漸減緩，大家準備鬆了口氣

19 日本警察廳課長、中小規模縣警察總部之總部長，大規模署警察總部之部長級。

時，所有人忽然對著東方的天際瞪大了眼……數十架 B-29 戰機又從櫻島的上空飛近。

人群，倏地如巢穴被搗毀的螞蟻亂竄。

數以百計的燒夷彈凌空投下，第二梯隊的機群以甲突川兩旁的公共建築為標的，瘋狂轟炸，火舌直逼天際。

稻盛一家人身上的濕毯子，擋住絕大部分灼熱的焚風，陣陣嗆鼻濃煙幾乎讓人無法直視前方，臉上早已分不清流的是淚水還是汗水。

和夫驚懼的望向甲突川對岸——燒夷彈爆炸瞬間噴濺出的火花，點燃人們身上的衣服，變成一個個火球，頓時哀鴻遍野。

前天病逝的小叔叔[20]乾瘦枯黃的身影，突然浮現腦海。

小叔叔飽受結核病的磨難，最後帶著安祥的面容辭世，或許他知道今天的這場大空襲，才會在前天離開人世吧！

驚慌奔逃的居民、淒厲的慘叫聲，稻盛一家人好幾次險些被人群衝散，甲突川的溪水到

20 稻盛畩市最小的弟弟。

處漂浮著屋瓦殘骸、布包行囊……及燒得焦黑的屍體。

櫻島，隔著錦江灣，平靜矗立在東方海面；陷入火海的鹿兒島，將天空染成血紅。

昭和二十年[21]八月十三日的那場空襲，被稱為「市民的末日」。

整座鹿兒島幾乎半毀，倖存下來的居民雖躲過燒夷彈的襲擊，但天亮後面對殘破的家園，早已乾涸的淚水又不禁潰堤。

半個多月後，幸運躲過攻擊的學校，逐一恢復上課。

走在陌生街道，稻盛和夫有些侷促不安，熟悉的家園在上次致命大空襲中摧毀，一家人賴以維生的印刷廠付之一炬，只能暫先寄住在宇治町的外婆家，一天過著一天。辦完小叔叔的喪事後，日子過得特別慢。但自己的身體好像漸漸恢復。

鐵軌變形、電車全部停駛，重要交通樞紐幾乎被炸毀，原本乾淨整齊的道路變得泥濘不

21 西元一九四五年。

堪。

炙熱夏天，空氣中的腐臭氣息飄散不去。

「等等我啊！等等！」和夫對著前方疾駛而去的貨車大叫，兩旁排成長長人龍等待搭便車上課的學生跟著騷動起來。

戰後鹿兒島市中心，已成焦土一片。

位於疏散地的宇治町，距離市區的鹿兒島中學相當遙遠，若沒有搭上往來國道的卡車，根本無法上學。

和夫搖搖晃晃的與十幾個人蹲坐在卡車後方，景物緩緩的往後方移動。

朝陽從雲縫中探出，將周圍臨時搭建的木造房舍矇上一層光暈，遠方堆的像小山地斷壁殘垣輪廓更清晰了，讓和夫想起那恐怖的一夜。

能安穩活著，就是一種可貴的幸福。

卡車行駛時激起大片的煙塵，顛簸的路面和彎道，讓和夫有點作嘔，他努力蹲低身體，避免從後斗摔進田裡。

到校後，和夫背起書包，迫不及待的衝進鹿兒島第一中學，身上異於其他同學的卡其色制服，格外引人注目。

木造校門幾乎半毀，只剩下刻有校名的石碑屹立著，中庭兩旁殘存的矮樹仍維持圓球形的模樣。

早晨的空氣夾雜著一股草木剛修剪過後的清香。

「義雄、義雄！今天有看到石川進嗎？」和夫肩上掛著書包走進右側校舍，彎了幾個彎，停在掛有二甲班門牌的教室問道。

義雄斜靠在桌子旁，搖搖頭。

「沒有，今天還是沒看到他來上學。和夫，你還是快點回去學校上課，我們放學後再會合。」義雄看著和夫胡亂擦掉臉上的煙垢，說道。

「和夫，這不是你該來的地方吧！怎麼又跑來，再不回去你不怕遲到？」正準備進一丙班教室的清治[22]瞧見原本病弱的和夫，竟然又神采奕奕的站在第一中學校園裡找朋友，不禁酸溜溜的問道。

22 因清治隔年重考入第一中學，故年級較義雄晚一年。

義雄的國字臉繃地更緊，他轉頭狠狠地瞪了清治一眼。

中等學校裡，最重視的就是人際間的長幼倫理，學弟只要看到學長莫不是恭恭敬敬的，大氣也不敢吭一聲。清治的俊臉一陣青一陣白，很快地識趣離開；和夫也裝作沒聽到似的拍掉身上沾染的煙塵。

厚重的雲朵遮去艷陽，但空氣悶的令人幾乎透不過氣。

回程時，和夫不斷聽到路人在討論照國神社附近地避難室，一思不安猛然掠過，他不自覺得加快腳步。

噹～噹噹～匡啷～

「鹿兒島私立中學廣播，請同學於十五分鐘後，統一至中央廣場集合。」低沉的播報聲在校園掀起小小的騷動。

和夫小心翼翼地跨過廣場旁堆放的鐵欄杆，跟著同學們整齊列隊。

三個年級，九百多位學生，軍隊般的迅速排列在廣場中。

一陣大風吹起，黃沙壟罩天空，全部人掩住口鼻，前方站在台上的老師卻絲毫不受影響，安穩地拿著擴音器：「強、健、勇，是我們不變的校訓，縱然歷經如此可怕的空襲，只要拿出武士般的精神，積極接受困境的挑戰……但在此，我們也要默哀三分鐘，哀悼上個月不幸在空襲中喪生的同胞，還有同窗學習的同學……」

司令台前的老師，話還沒說完，隊伍裡的和夫背脊湧上涼意，不禁打了一個寒顫。

「據我們所知，照國神社旁的六個防空避難室幾乎已全毀……」

霎時間，和夫已經聽不到任何聲音，只感覺到心臟狂跳，胸口快要炸裂開來，他的腳好像不聽使喚般，往石川進家的方向跑去。

「快抓住那位脫隊的同學。」廣場邊的糾察員立刻大力吹哨，周圍學生驚嚇的自動讓出通道，人群間的喧嘩如水波般漾開。

風在和夫的耳邊呼嘯，有人試圖要拉回他，但他只知道要不斷地跑、不斷地跑……穿過了幾條街廓，無視於路人奇異的眼光，他大口喘氣的爬上階梯，跪倒在照國神社前的參道，汗水從額頭上滴落。

他看著島津齊彬[23]的銅像，全身彷彿沒了知覺。

23 鹿兒島縣在江戶時代屬於薩摩番的領地，德川幕府建立前為大名島津氏統治，1863年天皇授予第二十八代島津齊彬「照國大明神」之神號，使他升格為神，並建造照國神社，紀念他在明治維新時的貢獻。

近三公尺的大理石底座，兩公尺高的島津齊彬身著狩衣[24]嚴肅的俯瞰著後代子民。

巨型白色布幔垂掛在銅像底座，上頭用毛筆書寫空襲遇難的居民姓名。

和夫稟住呼吸，眼淚無聲滑落，他拉出胸前的護身符，顫抖地將裡面藏放許久的粉色絲帶拿出，掛在旁邊樹梢。

神社的拜殿早被燒毀，僅剩斷成碎片巨大的焦黑木柱傾頹在地，和夫面無表情抬著頭，望著銅像背後供奉主神的本殿飛簷。

一陣清風將絲帶吹起，長長的絲帶在空中舞動，恍惚間他聽到靜奈在喚他……

「和夫哥哥！」

「喂，和夫！你一定會長命百歲的……」

淚眼娑婆中，他看到了石川進那張愛笑的臉，黝黑精壯的臂膀摟著妹妹，在遠方向他招手。

24 幕府時代一般公家的日常裝束，寬袍大袖，腰繫當帶。

TWO

屢仆屢起，展翅高飛

KAZUO INAMOR

紙袋小哥

鬱鬱蔥蔥的銀杏樹紛紛轉紅，黃紅相間的佈滿街道兩側，讓微帶涼意的秋日熱鬧了不少。

鈴～鈴～滴鈴～車鈴響了幾聲。

「力夫，快過來幫忙。」稻盛利則牽著送貨用的腳踏車，停在門口，粗壯的體格幾乎將窄門塞滿。

力夫很快地跑來，注意到布袋裡的貨物還鼓的滿滿。

「唉……最近連福岡的商人都跑來搶生意，據說連薩摩郡的山崎、宮之城的雜貨鋪紙袋買賣，幾乎快被他們壟斷了！」利則疲憊的說道，身上的短衫早被汗水透濕。

「大哥，你又到脇田附近？」力夫視線在腳踏車上轉了一圈，又開口問道：「沒順路到幸一舅舅的蔬果行嗎？」

「哈哈，家裡的菜還沒吃完，我是不敢任意經過的，不然又被舅舅攔下，硬塞一堆上來。」

兄弟倆不禁相視而笑。

鹿兒島郡第一蔬菜批發商的舅舅，可說是家族裡的傳奇人物，沒念過什麼書，原本只在市場擺個小小的攤子，居然在短短兩、三年的時間憑藉一己之力，將生意擴大經營成鹿兒島對外輸出的中盤商。過去總被街坊嘲笑是「沒知識的草包」，轉身竟成為鄰居稱羨的對象。

「利則、力夫，賣剩的紙袋快搬進來，隔壁糕餅店的老闆臨時先來取貨。」裡頭傳來伊美的呼喚聲。

兩人聽到母親的叫喚，很快將車上的貨搬進門內。

「和夫呢？有看到他嗎？又留在學校打棒球。」伊美用力拉開布袋的繩子，頭上髮鬢凌亂地散落幾綹灰髮，似乎有些不悅。

利則瞄了弟弟一眼，趨身向母親說道：「我待會再去下荒田町的八幡神社繞繞，聽說最近開了幾間雜貨鋪，也順路去找和夫。」

伊美這才停下動作，抬頭看著兒子們，最後眼光停駐在利則被太陽曬紅的臉上。

「先進屋幫忙將紙張裁切好，讓你父親休息一下。桌上有放涼的綠豆湯快去喝，晚點再出去，剛回家先歇會，別又急急忙忙的外出。」

利則走在力夫後面，正要拖下鞋子進屋休息，就看到淨子愣愣地坐在矮櫃前，望著圍牆外高大茂密的銀杏樹。

「噢，大哥回來啦！真是辛苦了，我幫你盛碗綠豆湯喔！三哥也來一碗。」淨子很快回過神說道，臉上漾著淺淺的酒窩。

「我們家的小妹長大囉！再過幾個月要讀小學，可以跟姐姐一起上課，開心嗎？」利則笑笑地接過滿滿的綠豆湯，逗著妹妹說道。

「開心……但也……不開心……哥哥你說，我去上學後，認識的新朋友會不會哪一天又……不見了！」淨子聲音低啞，眼眶差點浮出淚來。力夫這才發現矮桌旁擺了兩罐泛黃的千紙鶴。

他不動聲色的將瓶子塞進褲袋裡，利則則是哄著妹妹。

利則跟力夫使了個眼色，力夫很快的放下碗，牽起妹妹說道：「走，三哥帶妳去鷹師町吃白熊冰果。」

淨子圓潤的臉蛋瞬間亮起，馬上忘了難過，稍稍整裡衣襬後，牽著力夫的手走出簷廊。

◇◇◇

學校中庭擠滿了圍觀的人，二樓教室的女兒牆邊也探出不少好奇的眼光。

「可以的話，就再靠近一步，我的拳頭隨時奉陪……」嘴角滲著血絲的和夫緊握著拳，不甘示弱的對著體格大他兩倍的男同學說道。

急沖沖從棒球場上回到教室，一不小心就跟班上的流氓撞在一塊，還沒回過神就挨了一拳的和夫自認體格上既然輸人，就要在氣勢贏人。

壯碩的男同學迅速脫掉外套，從旁邊的花圃抽出一條粗如腕的鐵棍，正要往前揮動時……

「住手，你們這兩個目中無人的小子！」隔壁棟的幾位高三學長衝了過來，大聲斥道。

「稻盛和夫！你在做什麼？」利則丟下腳踏車，從人群中鑽入，一邊喝道。

還沒進到校門，就聽到自己弟弟的咆哮聲。

人群中央的兩人驀地停下動作，惡狠狠的瞪視著彼此。

「厲害的話，就赤手空拳過來。」和夫無視大哥利則的阻止，兩手在空中不斷揮動。

「赤手空拳當然奉陪，脫掉上衣都可以，你這個窩囊，所有人都知道你們家的印刷廠早被炸毀了、沒錢了，連小妹都在幫忙賺錢，只有你還在天天玩樂，丟不丟人啊！」

嗶～嗶嗶～不遠處傳來陣陣尖銳的哨音。

圍觀人群眼見沒戲看了，很快散去。

稻盛利則趁留守的老師還沒趕到時，用力拉走和夫。

「武士道的精神，是讓你這樣盲目的逞兇鬥狠嗎？拳頭、力氣要用在對的地方。」利則生氣對著和夫說道。

「那傢伙是克己對吧！他不是沒繼續讀書嗎？怎麼又出現在學校？」利則問，寬額下的眉毛緊縮。

和夫跟在利則身後默默的牽著腳踏車，走過學校前排的店家，在末端的木屐鋪停下來，開口道：「昨天母親罵了我幾句，或許，是真的不能在沉迷棒球，大哥，你這麼辛苦工作，為了家計還放棄升學，而我幸運的因為老師……」

和夫低頭沉默了會，繼續說道：「因為老師再三向父親懇求讓我升學，才能就讀高等學校第三科[1]，而我卻……唉……」他微微閉上眼睛。

「或許剛跟我打架的克己說的對，某個程度上，我的確是不願面對現實的窩囊。」和夫的腦海裡閃現一張愛笑的臉，濃眉、大眼、厚唇，永遠停留在十二歲的面容。

「哈哈～我相信自己的弟弟。」利則終於放心了，拉著握把騎上車。

「快點回家去，媽媽在找你，我要先去八幡神社附近繞繞，聽說那裡開了幾間雜貨鋪。太陽快下山了，得儘早趕過去，還要說些什麼，等我回去再慢慢講。」家裡最能念書的弟弟，無論如何都要讓他專心完成學業，利則結實的小腿踩著踏板，暗暗想著。

升上中學後，在學業上力求精進的和夫，成績單從未出現低於九十的分數。身為哥哥的他，當然要一肩扛下家計的重擔。

路旁飄落幾片楓紅，利則的身影淹沒在形色匆匆的人群中。

◊◊◊

1 和夫於 1948 年鹿兒島中學畢業後，升上鹿兒島高等學校第三科（由三所學校—鹿兒島中學、市立高等女校、市立商業學校，合併而成），當時不需考試，報名即能入學。

租來的屋舍只有原本的一半大，勉強隔出工作用的空間裡，疊滿尺寸不一的紙張。

兩台電風扇一前一後的嗡嗡轉動，磚塊壓住的紙張發出啪啦啪啦的聲音。

「喝！」稻盛畩市大喝一聲，手握刀柄用力將數百張紙裁切成兩半。

綾子穿著輕便和服束著袖帶，跟著母親在紙張邊緣塗上漿糊。

「媽，我回來了！」和夫拉開紙門說道，藍色長褲還沾了些泥土。

伊美沒有停下動作，仍盯著紙張的弧口，抿緊嘴唇。

「又去打棒球……？」伊美開口問。

和夫垂眼看著自己因滑壘而沾上泥土的長褲，半晌回道：「是……」

若不是打球到一半返校時跟克己發生衝突，大哥又突然趕到，天黑前可能還在棒球場上。

喀！

伊美將手上的刷子用力丟在地上。

「辛辛苦苦供你讀高中，你只顧著打棒球玩耍，沒看到連妹妹都在幫忙家計嗎？利則為了多賣些紙袋賺錢，還不顧危險隻身跑到脇田。和夫，你卻還……咳咳咳……」伊美喘不過氣來，嗆咳了幾聲。

和夫衝上前跪下，兩手平伏。

「媽，對不起！讓您操心了，對不起！」和夫額頭抵著堅硬的地板，滿懷歉意的說道。平時溫柔親切的母親，一旦發怒，連父親都得敬讓三分；更何況三年前的大空襲，失去住家及印刷廠後，租賃在郊區的全家人，只能靠釀私酒、黑市買賣、軍隊配給的糧食，甚至跟親戚們借貸度日。

之前父親經營印刷廠積存的的日幣，在驚人的通貨膨脹及換發新日幣的制度下[2]，過去賴以維生的積蓄，全都化為烏有。

或許是母親的怒火將他驚醒吧！

和夫抬起上身，長跪在母親面前，在心裡暗暗發誓，自己一定要有番新作為。

2 日本政府避免貨幣通膨，於1946年以舊鈔換新鈔，5日圓以上強制存入金融機構，每人最多只能兌換100日元新鈔。

「川上，這份地圖借我帶回去。」攤開半疊榻榻米大的地圖，和夫仔細的研究。

「當然沒問題，你先別著急回家，前天我父親從德國工作回來，帶了件神奇的機器，先跟我去客廳瞧瞧。」川上站起來，不分由說的推開房門。

他接著道：「好朋友難得見面多留一會，不然等我到美國留學，下次見面又不知是何時了。」

十五坪大的客廳內擺放一張長沙發及兩張單人坐的皮製沙發，天花板中央懸掛著一盞奧地利水晶燈，底下的白色大理石茶几將客廳襯得相當氣派。

川上打開壁爐旁古樸的木箱，熟練的撥弄按鈕、轉動幾下把手後，將唱針放上黑膠唱片上。

澎湃雄壯的樂音如瀑布般流洩而下，如泣如訴的弦樂聲輾轉起伏……

「德國 Elektro-Mess-Technik 公司生產的留聲機，我爸透過關係才買到的。這首曲子是西班牙作曲家薩拉薩泰的『流浪者之歌』，很不錯吧！」川上滔滔不絕地介紹，削瘦精實的身軀輕倚著壁爐。

「第一次聽到如此…如此美妙又震攝人心的音樂，你們家好有文化，川上…這……這是什麼樂器的演奏？」和夫不知如何形容內心的震撼，完全沉浸在美妙的旋律中，連話都說的結結巴巴。

「小提琴與管弦樂團。」川上翻開黑膠唱片封套詳細解釋，並示意和夫坐在沙發，一邊熱情的解說。

雖然和夫到川上家的次數不知凡幾，但每次到訪都還是被他們家的典雅裝潢嚇的有點暈頭轉向。

直到天色漸漸昏暗，頂上的水晶燈被點亮，透出耀眼的光芒時，和夫才如夢初醒的從柔軟舒適的沙發中起身。

「打擾太久，我該回家了。」和夫將地圖摺好放進上衣口袋，微微欠身道。

「留下來用餐吧！阿姨準備了烤牛排、炸薯塊……今天因為滿洲夫的爸爸出差去了，你也留下來熱鬧熱鬧。」川上母親從後方廚房走出，精致鵝蛋臉上堆滿笑意。

和夫婉拒川上母親及川上的盛情，堅決的告辭離去。

「你的朋友將來一定會不簡單。」川上母親凝視著和夫沒入夜色中的身影。

川上狐疑的看著母親。

「將來慢慢的你就會明白。」

假日清晨，鹿耳島市區的店家們幾乎都在關門休息，東本願寺附近的雜貨鋪、米店、果子鋪……，因為參拜的信眾絡繹不絕，一年當中只有新年期間沒有營業。

和夫奮力的騎著載滿貨物的腳踏車，後座的麻袋幾近半人高。

「請問老闆在嗎？有沒有需要紙袋？」和夫將車子停在寺廟旁的上町商鋪前，敲了敲門。

「請稍等一下喔！」清亮柔和的聲音傳出，一位相貌清秀的女孩匆匆應門。但她只看到瘦高的身影，慌慌張張的騎著載貨用的腳踏車離去。

沿著筆直的馬路，和夫快速的踩著踏板，滿臉通紅的他，寬額上佈滿大大小小的汗珠。

越接近港口，海風的味道越重，鹹鹹涼涼的混雜著各種氣味。

抬眼一望盡是寬廣的海天一線，數十隻海鳥沿著櫻島火山的天際翱翔，形成幾道美麗的弧線。

涼爽的風逐漸將腦袋冷靜下來，他找了塊乾淨的大石頭休息。

足足半個月的時間，紙袋生意都沒有多大的進展，家裡附近的糕餅鋪、米舖雖有固定買貨，但賣出去所賺得的錢，還是不夠全家人填飽肚子。

得靠母親在黑市賣米及過去辛苦收集的和服，來貼補家用。

十六歲了，除了唸書總是要幫家裡做點什麼……

和夫疏淡的眉毛攏得愈來愈緊。

他明明按圖索驥規劃，也照鄰居們的建議跑了很多熱鬧的商場、鋪子，為何買紙袋的店家數量都沒顯著增加呢？

無奈的抓起腳邊枯枝，胡亂在沙子上畫著長長短短的線條，突然一個想法掠過，他盯著格子狀的沙線，既然有川上的地圖，那麼……

三個禮拜過後，賣出的紙袋數量，翻了兩倍，從一天三綑賣到一週四十綑。

整個鹿兒島市的婆婆阿姨們，都認識一個賣紙袋的小哥——稻盛和夫。

家裡的工作頓時繁忙起來，裁切紙張、摺紙、黏貼、綑綁、送貨、收錢……，狹窄的屋內彷若回到過去「稻盛調進堂」的時代。

「二哥，你是在畫圖嗎？」力夫探向和夫的書桌前，粗壯的上身幾乎將桌面占滿。牆邊的木板貼著鹿兒島市的地圖，和夫專注的將市區大致的輪廓，重新描繪在白紙上。

「過幾天要將地圖還給川上。」和夫停筆看了力夫一眼。

「二哥別畫太晚，明早除了上課還得有工作要忙。」力夫鋪平睡鋪後，很快就呼呼大睡。

窗外夜色明亮，銀杏樹的葉子層層疊疊，印照著點點月光，當路邊的樹蛙鳴叫時，和夫已沉沉入睡，狹長剛毅的臉上，微露出滿足的笑容。

◇◇◇

鏘～

打擊手快速擊出高飛球後，馬上扔掉球棒瘋狂奔向一壘、二壘……

塵土飛揚，濃烈的陽光將球場照得通紅。

和夫背著書包癡迷的望向熱血奔騰的選手們，曾經，他也是其中一員。

「哈哈哈……你好有趣喔！」

「沒想到松本君不僅頭腦好、柔道又練的好，還這麼熱心助人。」

球場左側的斜坡，傳來陣陣銀鈴般輕脆的笑聲。

松本清治兩手搬著半人高的木箱，一邊和女學生說說笑笑。

「提到了果子，就屬乾菓子[3]最爽口，像福記的仙貝、金平糖……」清治露出笑容，旋即放下木箱，俊朗的五官在太陽下顯得耀眼。

剪著齊眉瀏海的女生，從提袋裡拿出一包散發濃濃蛋香的仙貝。

「松本君，謝謝你幫我們搬了這一趟斜坡，剩下的我們自己處理。這包仙貝，請松本君收下，非常好吃喔！」

「……福岡嗎？大伯在那經營紙廠，還批發給不少盤商……沒錯，薩摩、吉田、山崎……鹿兒島市也有不少店家，都是用福岡來的紙袋喔……妳看看，這袋子的右下角……」本來打算離開的和夫，被幾句話吸引放慢了腳步。

盤商？從沒聽過的新名詞。

噹～噹～噹～

3 所含水分較少，配清茶食用。

學校傳來整點的鐘聲，打斷和夫思緒。

傍晚還得繼續往電車右線方向推銷，今天是吳服町、松原町，松原神社後方有天文館……賣小吃的店家多嗎？

和夫很快就將剛才的疑問拋諸腦後，專注在紙袋販賣上。

返家後，和夫喚來力夫、正夫[4]將二十綑、四種不同尺寸的紙袋整理好，放在腳踏車的貨架上。

後方大又沉重的麻袋，讓和夫抓不牢握把，前輪失衡差點騰空。

他勉強穩住重心，從前胸口袋掏出邊角磨損的手繪地圖。

「今天輪到這裡。」他指著地圖右下角的東千石町。

「東千石郵局前方，聽義雄說新開一間雜貨鋪——熊襲亭。」和夫解釋道。

「熊襲亭，不是餐館嗎？」正夫寬圓的臉寫滿疑惑。

「無論如何，只要是跟食物有關，應該會使用到我們的紙袋吧！」和夫笑道，清亮而細

4 和夫的二弟，在家排行第四。

長的眼睛向剛升上中學一年級的正夫眨了眨。

手繪地圖標滿大大小小的紅點，及星字的黑市標記，以電車線為中軸，左右兩邊各分隔出三、四個框框，共七個區域。

這是和夫第一次向弟弟們解釋，一週七天、七區的推銷計劃。他必須固定週期拜訪每一區的市場，加強店家對稻盛紙袋的印象。

在某種程度上，他的臉皮變厚的，陌生拜訪難不倒他，但若是遇到……

綁著兩條辮子的清秀女孩，浮現腦海，他兀自乾笑了兩聲。

力夫粗黑的臂膀拍了拍和夫，問道：「所以二哥希望我們按照分配，每天繞一圈？」

「是的，半個多月來，試驗的結果還算不錯，我們的紙袋銷量增加了三倍不是嗎？」和夫很快回過神，繼續解釋。

「再兩小時天就要黑了，還不趕快出去，六點半準備開飯，別跑太遠……知道嗎？」屋內正在糊紙袋的伊美，拉開紙門對著兄弟三人喊道。

「二哥，七天……七區……每週固定一區推銷，好特別的想法，是二哥自己想出來的嗎？」正夫歪頭問道。

「呵呵！暫且保密，等我們的生意遍布整個鹿兒島市，再跟你說吧！」和夫語帶保留的對著正夫道。

銀杏樹上的夏蟬發出響亮的鳴叫。

和夫向弟弟們交代工作後，奮力的踩著踏板往下個目標前進。

他沒有說出分區推銷想法的由來，是害怕在弟弟面前掉下男兒淚。

從狹窄的巷弄彎進寬廣的馬路，樓高三層莊嚴雄偉的西本願寺印入眼簾。

兩個多月前，連跑二十多天的紙袋推銷，販賣數量仍不見起色，無助蹲坐在鳥居旁的自己，畫面彷彿重現……那天他竟遇見了石川進的父親。

剃度出家的伯父，靜謐慈祥的國字臉，平靜的不可思議。

伯父未卜先知般的道出他的困惑，並留下一句話：「煩惱找不到正確的方法，何不靜心思維。佛陀曾說：『煩惱即菩提』。」

後面那句太深奧，他不懂；但「靜心」，或許自己真的是太煩躁，沒有真正靜下來思索。

周遭鄰居因熟悉稻盛家，所以成為購買紙袋的常客，「熟悉」……他從沙地上的棋盤格領悟到「分區」，但或許熟悉才是真正的關鍵吧！

仰望寺院前巨如丘壑的大樹，幾片早黃的葉子悄悄落下。

石川進——永遠的好友，連在天上都偷偷的保佑他。

和夫擦掉眼角的淚水，吃力地穩住車子重心，往右前方的街角騎去。

三年的高等學校生涯，有兩年的歲月都在紙袋生意中匆忙度過，最後一年升上新制高中[5]和夫才將工作及新進員工交棒給利則，專心準備大學考試。

稻盛紙袋遍布鹿兒島縣，市內的五、六個黑市市場、縣內的小零食店，都可見到它們的蹤跡。

外行人——稻盛和夫，第一次做生意，不僅在家鄉掙得了「紙袋小哥」的名號，連帶似乎恢復了空襲前「稻盛調進堂」的榮景。

5 玉龍高校。

風雨欲墜

昭和三十年（西元一九五五年）。

京都，夏末秋初。

車站公共電話亭內，清瘦挺拔的青年，兩手緊握話筒不斷地鞠躬道：「老師，真的是太感謝您了，我已經平安抵達，也幸運地跟松風工業的新同事搭同一班列車，託您的福……一切都很順利，謝謝、謝謝、謝謝……」

他穿著新剪裁的合身鐵灰色西裝，抹上髮油後梳的瀏海，顯得精神奕奕。

「和夫，加油！松風工業[6]研發部門的高層顧問，是我過去的同窗好友，這次老師將你引薦到日本第一間製造高壓絕緣礙子[7]的公司，一定要發揮出實力來。」話筒內清晰的傳來竹下壽雄教授渾厚的嗓音。

叩、叩、叩

6 西元一九一七年成立，製造高壓礙子的老字號之一。

7 隔絕高壓電子所使用的陶瓷零件。

玻璃門外的新同事，指了指腕上的手錶。

「令堂也太客氣了，又親自送來這麼多水果……」竹下教授熱情的與和夫閒話家常，還交待在都市工作時要留心的地方。

不一會兒，他恭敬地掛上電話，步出電話亭。

「伊藤君，真是抱歉，讓你久等了。」和夫彎腰將地上兩大袋行李提起，歉疚道。

一百八十公分的稻盛和夫在人來人往的車站大廳裡，特別醒目。

「鹿兒島的人都像你一樣高個子嗎？」伊藤謙介也是滿滿兩手的提袋，他喘著粗氣跟上和夫的步伐問道。

「哈哈哈～那可不一定。」

京都西山，東海道神足車站[8]，方正高挑的大廳、打扮入時形色匆匆的旅客，這些景象對和夫而言是相當新奇。

下意識的理了理領子。

8 現稱長岡京站。

身上這件唯一的西裝，是大哥利則送的就職賀禮，太合身了，讓他的動作有些拘束。

搭上末班公車，他們必須趕在九點前到松風工業總部報到。

公司總部距離車站不遠，和夫還沒欣賞完京都的夜色，便已到站。與其他四位新同事及剛認識的新朋友——伊藤謙介，魚貫地辦理到職手續。

「京都大學，無機化學科，岡田孝一。」

「鹿兒島大學，工業應用化學科，稻盛和夫。」

「岡山南中學，第二科，伊藤謙介。」……

坐在辦公桌後方的約莫四十歲的女職員，面無表情的一個個唱名。

這時排在最後的和夫才知道，除了伊藤君，其他人都是剛從大學畢業的應屆學生。

京都的秋夜比老家鹿兒島還要涼，和夫縮了縮脖子，跟著大家穿越諾大的中庭，幾株修剪整齊地松樹排列在中央。

街燈亮如白晝，讓他有些不習慣。但映入眼簾破舊的員工宿舍更讓他吃驚。

正準備進入研究室的和夫，聽到特殊瓷器課的主任與會計課課長，在辦公室角落的談話。

「投資南非金礦的挖掘工作，第四年了，到現在挖出來的還是鐵屑。」山下主任在松風工業是元老級的人物，鮪魚肚、高聳髮際線，個子不高的他講話時眼睛總是眨個不停。

「今年度的會計結算，恐怕又會是赤字。你們單位的研發狀況如何，自從十多年前的絕緣礙子研發後，就沒有創新實用性的產品出現了。大老闆執意投資礦產，沒想到都邁入第九年，好不容易攢積的資本都快耗光了。」四十歲的井上芽會計課課長，微胖身軀穿著合身的套裝，有些臃腫。她同時也負責新進人員的招聘。

「到底賠了多少啊？」山下主任刻意壓低聲音。

「唉⋯我只能說⋯⋯」井上芽將手上的資料夾放在前胸。

兩人邊走邊講，往會議室方向遠去。

賠錢的公司啊！

和夫坐在研究員專用桌前，盯著昨天實驗的數據資料，滿腦子都在剛聽到的訊息中打轉。

「稻盛君，儀器旁的研缽先幫忙清洗，要用軟刷，別拿錯。」正在操作機器的資深員工抬頭說道。

分發到製造部研究課的稻盛和夫，在第二研究室裡負責開發高周波絕緣礙子的弱電流器，每個研究室約有五至八名研究專員，和夫是裡頭最年輕的一位。

「課長好。」帶著扁型工作帽瘦黑的青田課長走進，職員們全都站了起來。

「我們的新進同事，這禮拜還習慣嗎？聽說你在鹿兒島大學研修有機化學，畢業論文關於黏土的基礎研究寫得真不錯，相當用心、相當用心啊！」擅長鼓勵部屬的青田課長，帶領出不少傑出的技術人員。

和夫臉上一熱，連忙低聲道謝。

「秋津千牧，多指導一下和夫，包括原料申請單、儀器使用、各種表格填寫，還有公司各部門的連繫。」青田課長對著最資深的職員交代。

「喔！對了，每兩週必須交出一次研發進度報告，和夫，既是新進人員就多一週讓他適應、適應環境。」

青田課長檢視研究器材、又叮嚀幾句後離去。

剛進第二研究室的和夫，整天都埋首在高嶺土的原料調配、數據計算、還得緊盯著球磨機裡的小球運轉；前輩秋津先生雖對他照顧有加，但每人都有自己負責的領域，實在也無暇他顧。

同一批新進人員中，只有他分派到研究課，其他四人都在生產部門，除了傍晚下班回員工宿舍外，其他時間也很難遇到。還好適應力強的他，很快就摸清楚松風工業的內部文化。

徒步在長岡天滿宮往錦水亭的路上，楓紅遍地，滿樹綠、黃、橙的葉子隨風搖曳，有時還落下幾片黃，襯著滿地紅葉，印照燦藍的晴天……有種無可言喻的美。

假日，熙熙攘攘的遊客，三兩成群坐臥在草地，和夫沿著小溪貪看著千年古都的靜謐之美。前方不遠處的丘陵，緊鄰著溪流，每當走過都不禁想起遠方的家鄉——波光粼粼的甲突川及雄偉的櫻島。

看了一下腕錶，他加緊腳步，走進飛簷深廊、古意盎然的錦水亭。

「快快，就剩下你，隨便找位子。先點菜。」伊藤謙介看到和夫，圓眼都笑瞇了。

「你們來這麼早。」和夫面對窗戶屈膝而坐。

「不早啦，七點我們就到長岡公園慢跑，不過，十點回宿舍沖澡時，怎麼沒看到你，不然也可以一塊過來。」渾身結實的岡田孝一，大學時代是名長跑健將。

「來來來，先以茶代酒，喝一杯，慶祝到職滿月。」其他四人滿滿斟上玉露[9]

「這茶，好喝。價格應該很貴吧？」和夫砸了幾口，清瘦的長臉帶點詫異。

「明天一號，不就是發薪日。況且，早就說這頓算我的，再者辛苦了一個月，趁著這次難得的機會，大家開心放鬆，別拘束太多。」岡田孝一家境富裕，父親在航空公司擔任經理，母親又是京都大地主的長女，算是公司裡環境最好的一個。

岡田見和夫的餐點還沒上桌，直接將自己還沒動筷的烏龍麵推到他面前。

「先吃吧，別介意。我們先進來的，都吃過店家的招牌玉子壽司，不好意思沒留下幾個給你。」岡田補充道。

「那我就不客氣了，改天再換我請客。」和夫爽朗的說，隨即大口吃起麵來。

---

9 綠茶中的最高級品，色澤濃綠富香氣，較甜。

「你們有聽到公司裡的謠言嗎？礦場投資的事？」縮坐在角落，始終靜默的三浦太郎開口問道，白胖的臉上充滿愁容。

「哈哈哈，你會不會是聽錯了，松風可是精密製造工業，怎麼會跑去投資風險最大的採礦業呢？」岡田笑道。

和夫停下筷子，忍不住將兩週前在走廊聽到的對話說出。

其他人有點驚訝，隨即安靜下來。

「我們作為公司的一員，只要扮演好自己的角色，按時上工、按時領薪。產品部門的就顧好良率品質，研發課的努力思考、研發出實用賺錢的產品。」樂觀的伊藤謙介打破沉默說道。

和夫的胃突然一陣緊縮，想起剛踏進員工宿舍，讓他吃驚不已的場景——破舊的榻榻米、草屑脫落根本無法使用……沒有食堂……三十天來晚餐都是豆皮味噌湯配飯的拮据生活，大家都是剛畢業的窮小子，要不是岡田孝一的父母慷慨寄錢來請大家吃一頓，晚上的肚子沒有真正填飽過。

京都長岡的夕陽，從色彩繽紛的楓樹中穿梭，如夢似幻。大家喝著玉露，品嚐稍縱即逝的景致，內心的思緒千迴百轉。

整整六天，晚上員工宿舍裡滿是抱怨聲。

「真的沒道理嗎？你們說是不是，拼死拼活的努力工作，沒一天怠慢，公司怎麼會如此離譜，都過幾天了？」生產部原料課的男職員咬牙切齒道。

「就說嘛，沒想到日本首屈一指，先進的陶瓷工業公司，破爛成這樣，真的是當初看走眼，進了這間破公司。整天高層們都在說長道短、鬥來鬥去，唉……真後悔沒聽家中長輩的話，冒然跑來。」三浦太郎懊悔的說。

和夫坐在板凳上，聽著大家你一言我一語，陷入沉思。

身邊只剩兩千元，若公司再遲發薪水，就只能喝水配飯了，家裡還有父母跟六個兄弟、妹妹們等他寄錢回家，紙袋生意雖然不錯，但也只能擺脫向親戚借錢的日子，勉強餬口。

好不容易透過大學的恩師[10]進到京都知名企業，盼望可以揚眉吐氣，大展長才一番，沒想到卻是間瀕臨倒閉的公司。

10 鹿兒島大學，竹下壽雄教授。

「哎呀，這種公司還是趁早離開算了。」不知道是誰突然丟下這句話。大家聽了突然一愣。

牆上的傳來十一聲鐘響，不知道該如何討論下去的職員們，紛紛藉口回房休息。

醫院門口，清潔婦正拿著抹布賣力擦亮玻璃。

稻盛綾子在一旁焦急的來回走動，二十歲的她長得亭亭玉立，全身充滿幹練的氣息。女中還沒畢業，便在自家幫忙打點生意。她身上深藍素面和服的色澤有些陳舊，她不安的拉了拉衣領。

熟悉的腳步聲從門廳內響起，綾子立刻快步向前。

「綾子……」伊美對著醫院門外的女兒虛弱的叫著，梳理整齊的髮髻，灰黑的髮間透著幾根白。

「媽，您走慢一點。」綾子連忙奔過去攙扶母親，並接過裝有藥包的提袋。

「別擔心，只是感冒……咳咳……」伊美說道。

「媽媽，以後就別再操勞紙張的事，交代給我跟妹妹處理就行了。您看，兩年前的病灶都還沒痊癒……」綾子還沒說完，伊美就咳個不停，她熟練拍撫伊美微駝的背。

伊美喘了幾口氣後，問道：「早上有接到和夫的消息嗎？到京都工作都一個多月了，不知道還習不習慣那裡的環境，咳咳咳……」

「電報、電話只有叫貨收款的人打來，二哥剛到新環境，總是要忙一段時間；媽，那裡有竹下教授的熟人幫襯著，更何況二哥是我們家族裡唯一有大學學歷的。您先好好照顧自己的身體，不然二哥在京都工作也會不安的。」綾子安撫著母親，說完眼光卻停留在左前方的壽司店。

五、六個鹿兒島縣立商業女中的學生，聚在暖廉[11]前嬉笑聊天，店家則快速將各種口味的壽司放進餐盒。

商業女子中學……

綾子帶著欽羨的目光看著女學生。多麼希望自己也能完成高中學業啊！但在家中經濟不

11 商店的店招，上頭寫著店家的名號。

允許的情況下，讓最聰明的二哥升學讀書，才是稻盛家擺脫貧困階級的唯一一條出路。

終於盼到二哥到大城市就業，繁華充滿機會的都市啊……

她遙望北方，星辰閃耀的天空。

深秋時節，本洲中部近畿地區冷的特別早，清晨路樹上都結滿了霜。

一輛豐田四門硬頂車停在松風工業的大門外，幾位員工穿著薄外套縮著身子，站在鐵閘門內。

「各位別送了，我先走了，保重啊！」岡田孝一坐進暖和的車內，朝送別的同事們揮揮手。

「有空來下京區早子町坐坐。」他探出頭說道。

和夫搓揉雙手，不斷往掌心呵氣。他撐著睡眠不足的雙眼，送別當初跟自己同期進公司的朋友。

簡陋沒有附餐食的宿舍，財務狀況惡化到員工薪水差點發不出的公司，兩個多月前一起進公司的同事們都怨聲載道，一個看不到前途的地方，再繼續留下去，簡直是浪費生命。

送走了第二個離職的同事，吃完早餐回到工作崗位上的和夫，幾乎無法專心計算實驗數據。從老家鹿兒島踏上京都這塊繁華的大都市，透過關係擠進知名企業的窄門，卻……

心中一股鬱氣糾結，他煩悶的離開坐位走到窗邊眺望。

金黃色的稻穗，隨風擺盪，窄長的善峰川汩汩而流，斜陽將廣闊的大地漆成一片白。溪流的對岸，矗立一棟佛寺，熟悉的深灰飛簷，散發出莊嚴寧靜的氛圍。

「稻盛君，有生產課的人外找，不知道是什麼事，感覺起來有點急。」資深職員——秋津千牧，和藹的圓臉從窗戶旁的隔板伸了出來。

和夫應了聲，旋即走出研究室。

「你知道三浦太郎下個禮拜也要離職了嗎？」個子矮的高橋敏，從隔壁棟的生產課急忙跑來，滿是汗珠的大鼻子搧動個不停。

「這是自衛隊幹部訓練學校的報考表，讀書又有薪水領，若正式進入自衛隊，第二年就可以有兩萬日圓月薪。進敘公正又有保障，背後有防衛廳[12]撐腰……」他興奮的低聲道。

和夫接過高橋敏的報名表，彷彿一絲希望閃現。

12 相當於國防部。

與其待在這破舊而瀕臨倒閉的公司，領著不知下個月是否準時發放的一萬三千日圓薪水，自衛隊或許是不錯的選擇。

半個月後，和夫及從九州天草來的高橋敏，到大阪的伊丹自衛隊基地參加考試，並一同獲得錄取。

中午，松風工業的員工餐廳，氣氛顯得不尋常。

三三兩兩的職員聚在一起，交頭接耳的討論，輪流在一張看似發起書的紙板上簽名。

會計主任井上芽，從人群中直起身子，張望了會，又低頭朝著紙板比手畫腳。

「你們都沒看到朝子嗎？鳳眼、個子瘦高的……」井上芽對著旁人問道。

周遭的人都搖搖頭。

和夫注意到員工餐廳通往正廳的角落，一個纖細的背影，坐在大型植栽後不起眼的地方。被和夫目光盯住的女生突然回頭看了一眼，他連忙低頭假裝專心吃飯。

「稻盛君，你不去看看嗎？」三浦太郎端著餐盤湊過來，下巴朝被人群簇擁的井上芽努了努。

「都要離開這裡了，還湊什麼熱鬧。我跟高橋君都考上了自衛隊，現在只要等老家那裡寄來戶籍謄本，就要遞交辭職書啦！」和夫的音調難掩高興之情，巴不得趕快離開這間內外不合、體質不良的公司。

一名約莫五十歲，西裝畢挺的中年男子走進，群聚在一起的職員很快識趣的散去。

「他是……」稻盛和夫覺得中年男子很眼熟，卻又叫不出名字。

「你忘啦！上個月月中，早上朝會報告時，技術部的青山政次部長[13]。聽說最近因為要幫員工調薪的事，跟董事會鬧的不愉快。研發課的阿部主任，就是他提拔上來的。」

「青山部長。」和夫眼光不自覺的追隨著青山政次。

斑白頭髮下端正的五官，高額方闊的臉透著殷實、豁達的氣度……畢竟曾是風光一時的老企業，還是有值得尊敬的老長官啊！

和夫內心不禁嘆道。

13 日本企業中的部長，相當於我國的部門總經理、協理、總監。

接下來的幾個禮拜，他都在倒數進入自衛隊幹部候補生學校的日子，對於公司內部討論春鬥[14]的事，一點都沒放在心上。每天只負責將課長交代的事，按表抄課完成。

夜，很靜。

還不到晚上八點，鹿兒島市郊住宅區裡的燈都暗了。

稻盛�市和伊美仍在工作檯上整理明天要送出的貨，年近半百的畩市已有些發福，眉宇間煥發的英氣早不復見。十年前的大空襲將他的心血毀於一旦後，消沉了好些年，甚至無法工作，只能靠著妻子及兒女們賺錢貼補家用。

「昨天和夫從京都寄錢來了。」伊美擦拭黏著在檯上的白膠說道。

「嗯。」畩市虛應一聲，臉上喜悅之情閃現了下。

鈴鈴鈴～鈴～

「喂～您好，是和夫啊！寄來的錢收到了……工作還順利嗎？…………」利則接起電話後開心的說著，卻突然陷入沉默。

14 日本每年春季左右，勞工為提高薪資與改善工作條件，所發動的勞工運動。

「還敢說信件的事，七天前我收到後就立刻撕爛了！過了報到時間最好，你也不想想，我們為了要供你讀到大學，綾子連高中讀到一半都輟學。原來盼著你能為我們貧困的家境分勞解憂，沒想到進公司後滿腦子想辭職，淨說些抱怨的話……」利則吸了一口氣，繼續大聲說：「你到底想怎樣，公司願意僱用你，就要覺得感恩了，你就給我好好工作。」不等和夫回話，直接將電話掛了。

眼睜睜的看著同批進來的同事一個個離去，道別三浦太郎、高橋敏後，每晚回到老舊殘破的宿舍，意志愈來愈消沉。

除了伊藤謙介外，其他住在宿舍的都是待在松風工業十到二十年以上的老職員，他們都是得過且過的心態度日子，不太在乎未來發展性如何，況且背後還有盤根錯節的勢力維護著，後半輩子的生活根本毋需煩惱。

被大哥利則惱怒掛斷電話後，和夫每到夜晚都很難入睡。

這天，天未亮窗戶傳來潤福寺低沉的鐘聲，和夫索性套上大衣起身走出門外，往善川溪的方向。

他對於大哥的指責難已釋懷，然而自己待在如此殘破又沒有發展空間的地方該如何是好呢？不如到佛寺走走。

憑藉著月光和幾盞幽暗的路燈，走出公司園區後門。

進到佛寺的院落，裊裊檀香撲鼻令人心神一振。

「叩叩叩、叩、叩、叩……」早課的木魚聲規律響起。

「南無阿彌陀佛，摩訶般若波羅蜜多心經……觀自在菩薩，行深般若羅密多時，照見五蘊皆空，度一切苦厄，舍利子，色不亦空，空不異色，色即是空，受想行識亦復如是……」

躬身走入佛堂大廳的和夫，待坐在一角兀自沉思，直到整個天空亮起。

感恩、**精進**。

在潤福寺靜坐聽課兩個多小時，這四個字牢牢印在心底。

抱怨來自不滿、不滿來自欲念、欲念來自貪著、貪著來自執著，執著則因妄想，既然無可避免，又何不感恩現在所擁有，並接受當下。

澄澈的藍天隱約閃爍著繁星，西面山巔淡淡的彎月與朝陽隔空輝印。

「居士，您似乎若有所得。」課後，講經的長眉老師父，不知何時從後方繞過院落，站在火紅的楓樹下問道。

「師父，南無、南無，感恩。多謝您在課中的教誨，讓我得到了平靜。原本在工作中的煩惱全都煙消雲散了。」準備走出寺院的和夫，臉上出現數十天來未曾有的祥和。

「呵呵！可見居士小時曾接觸佛道，有極深的慧根；煩惱即菩提，前念著境即煩惱，後念離境即菩提。菩提，是開智慧覺悟的意思。」老師父長眉下的眼睛，流露出如對待孩子般的慈藹。

「自己的念頭如果自私，就會被自己困住。貪求愈多、困擾就越多，唯有靜下心來問問自己，真正目標是為何，然後精進努力一往直前。居士，時候不早了，快去工作吧！」老師父微微一福，身上山岳紋袈裟[15]透著初綻的晨光。

「謝謝師父，南無、南無，感恩。」

15 中國唐宋時期所流傳下來的樣式。

外面下著滂沱大雨，柏油路漫著滾滾水流。為趕工出五千件的零組件，並於月底交貨給松下電子，加班到深夜的員工離開廠房後，縮著身體撐傘，但仍擋不住雨水激濺，一身濕淋淋狼狽地返回宿舍。

青田課長從宿舍門廳向外張望許久。與家人住在新田保育所附近的他，前天因為品項管控流程出了問題，前往生產部門支援，這兩天只好留在公司宿舍過夜。

「秋津千牧與稻盛和夫，怎麼還沒看到他們回來？」青田課長[16]抓住一位資深的男職員問到，瘦黑的臉在昏黃的燈光中顯得急切。雖然這幾天都待在生產部，而最近幾日繳交在他辦公桌上的研究報告，真讓他驚詫不已。

陶瓷材料的研發竟有了嶄新的突破，若實驗數據能繼續穩定，距離量產上市必定指日可

16 相當於我國的部門經理。

待。雖然用於高壓電線的絕緣礙子，一向都是公司獲利的金雞母，可是隨著各家公司的技術發展、削價競爭……，毛利率可說是愈來愈低。

「稻盛君……我昨天也沒看到他。」資深男職員回道。

「噢，他啊！前天早上經過他的臥鋪時，連棉被都不見了，平常看他在煮炊用的鍋子、火爐，也一併消失。」另一位作業員，拎著溼答答的外套，轉身對著青田課長說道。

「秋津君，前輩回來了！」有人大喊。

「課長，您有事找我？」秋津千牧收攏雨傘、拍掉身上的水珠，欠身問道。

「和夫沒跟你一起走？」青田課長問。

「他最近都睡在研究室裡，只有洗澡才會回到宿舍，說要專心研究鎂橄欖石的成型方法。」秋津千牧簡潔的回道。「請問課長還有其他的事嗎？」

「沒了，你們工作辛苦了，快回房休息吧。」

傾斜的雨絲在路燈的照射下，宛如簾幕般垂掛天際，水柱從宿舍斑駁的牆面奔流而下。

青田課長朝著窗外黑夜中的雨景背手而立。

或許，是時候成立開發小組，讓稻盛君來領導這可能成為跨時代產品的技術。

◇◇◇

西元一九五六年，隆冬。

「咳咳咳……」和夫獨自一人睡在實驗室裡，不斷的咳嗽，雖然已緊閉門窗，但冷風仍從細縫中鑽入。

額頭有點燙，他從長椅鋪成的床鋪中翻身而下，在抽屜找出一只體溫計。

38.5度。

難怪視力有些模糊……年幼時，自結核病的鬼門關走過一遭後，只要受到風寒，症狀就一發不可收拾。全身虛冷無力、高燒不退。

頭昏腦脹之際，許多畫面突然浮現。

如果，那天清晨沒有聽到潤福寺的鐘聲、沒有遇到長眉老師父，也許不會有如此心念轉變，從逃避工作到全力以赴的投入研究。

又如果那天沒有往潤福寺的方向、沒有聽到老師父講經，會不會轉念呢？

吃過藥後，和夫躺在鋪子上，思緒卻停不下來。

轉職不成，獨自留下的自己，當初是想，與其試圖從惡劣的環境中逃跑，不如待在實驗室，終日做研究！

漸漸沉睡的和夫，交疊在胸前的手仍不由自主的緊握著拳。

「早安，前輩。」

「稻盛君，早啊。」秋津千牧提著一袋豆漿往和夫的桌上放。

「感冒生病，就得多補充營養，技術人員除了腦力要好體力也要足夠才行。」秋津將架上的白抹布繫在粗圓的腰際，對著和夫說道。

日復一日的研究生活，終日面對的就是球磨機、研磨小球、各種的原料及實驗數據。

上個月，青田課長直接下達指令，讓和夫率領五人小組開發新品項後，便有獨立的器材可供使用。可是明明理論沒有問題，為何一直得不到實驗結果呢？

將溫熱的豆漿一飲而盡，身子整個暖和了，又開始一天的原料混合工作。

和夫帶著三位研究助理，整個下午都在用放大鏡檢視研磨後的顆粒徑度，反覆調整機械的轉速。

「稻盛前輩，我建議將球石[17]的填充量從百分之五十六降至五十四，若每分鐘的迴轉速度升高，被粉碎物的體積應該可以達到要求標準。」大阪高中理科畢業的學生助理，瘦小的荻原忍蹲在機檯旁說道。

和夫沉吟會，點頭說：「好，但要注意臨界轉的問題，畢竟理想設計還要兼顧實驗環境。儀器調整先交給荻原忍，你們兩個跟我到原料部領高嶺土及配電線。」他指揮道。

新成立的開發小組，在短短三個月的時間共試驗了三十多種不同徑度大小的鎂橄欖石、更換了十種不同球磨機的規格、調整每次粉碎原料的數量，只為達到最大產能。

走出研究室時，天色已暗，通往倉庫的廊道只剩昏黃的壁燈。

下次朝會時，得要建議公司更換亮一點的燈具。

和夫在心裡暗忖。

雖能夠調製出鎂橄欖石粉末，作為新的耐高週波絕緣性強的材料，可是在研磨時為何一直出現徑度不均的情況呢？

17 硬質瓷球或卵石。

寒風從廊道盡頭的氣窗灌進，發出咻咻聲。

「稻盛君，還不下班休息。」秋津千牧端著球磨機往清洗檯方向走去。

「我想要醒醒腦，思考一下。」和夫回道。

「嗯。」應了聲後，秋津像是整理藝術品般，將球磨機慢慢拆下刷洗。

陶瓷教科書中寫道：原料混合成型，在高溫燒製，就能作出陶瓷產品……

驀然，秋津前輩仔細清理球磨機小球的身影印入眼簾。他用小鏟子挖出凹陷處的粉末、再拿菜瓜布刷洗小球缺角處，最後拉出掛在腰際的毛巾，一個個將小球擦拭乾淨。

和夫的腦袋彷若被重擊一般。

原來草率清洗的話，前一次實驗所沾上的粉末就會殘留，縱使只混進一點粉末，陶瓷的特性也會跟著微妙變化啊！

◊◊◊

「還有誰沒簽名連署？為了我們員工的福利，員工的未來，我們一定要向公司爭取到底。連續兩年沒發獎金只有基本的月薪，真的也太說不過去吧！」工會委員長——生產部的堂本松一，牛鈴般的眼睛充滿鬥志，對著餐廳裡用餐的職員喊道。

副委員長井上芽，拿著一疊宣導文宣，上頭印滿工會調查的紀錄及最新主張的福利內容，一個個傳發。

昨天剛晉升上特瓷課主任，坐在餐廳的和夫，腦袋想的都是如何帶領團隊及新產品量產的問題，他反射性的接過文宣，看到內容不禁眉頭直皺。

「所以下週開始發動罷工的連署名單，剩下四十二人簽名就可達到門檻了。」堂本委員長猿猴般的手臂，抓著擴音器宣布。

四面八方聚來的職員愈來愈多，桌椅滿滿是人，連走道的地板也開始有人席地而坐，儼然成為臨時的工會大會。

天花板下的石英鐘顯示——一點四十分。

過了休息時間，人潮卻遲遲不退，委員長似乎也沒解散的打算。

「那位大門旁的技術員，請問您簽名連署了嗎？」堂本委員長對著正準備離開的和夫問道。

和夫很快低頭看了自己身上，藍色連身的技術員制服。

「就是您啦！井上芽副主委，快點將簽名板傳給他。」堂本松一很早就注意這位個子高大的技術員了，每當工會宣傳或簽名連署時，他都會不著聲色的悄悄離去。

工會成員在堂本耳邊附了幾句，他的臉上出現了一抹奇怪的笑容。

堂本將擴音器拿起，對著門邊的和夫道：「恭喜我們新科主任——稻盛君昨天成為新部門『特瓷課』的主管，據說您的點子特別多，可否有榮幸請您當我們工會的幹部，最近企劃缺人急需有創意的人才加入。」

還在牽掛窯爐溫度的和夫，沒想到卻被工會委員長丟來天外一筆，直腸子的和夫很快回道：「很抱歉，我恐怕能力不足。現在特瓷課實驗室的窯爐還在加溫中，我得要趕回去。」說完向台前的堂本松一欠身行禮，便快步離去。

餐廳裡的職員們聽了莫不面面相覷，堂本委員長臉上更是一陣青一陣白。

「請便，也希望我們新科主任帶領的團隊，業績扶搖直上，為公司創造更多利潤。」堂本委員長很快就反應過來，皮笑肉不笑的祝賀著，他沒想到居然會有職員公然不給他面子。

他反覆打量和夫寬肩瘦高的背影。

◊◊◊

雨後，低垂的烏雲漸漸散開，陽光穿過雲縫形成一束束傾斜的光柱，照在辦公室巴洛克式拱型玻璃窗，折射出七彩的光暈。

淡黃色的陽光斜印在青山政次蒼桑的側臉，他雙手交握兩眼直視著深棕色的門，不一會兒又拉出抽屜，拿出白色文件反覆閱讀。

「部長，我是稻盛和夫，您找我？」和夫輕敲門後，便自行開門走進說道。秘書跟他交待，直接敲門進入辦公室，部長已在門內等候許久。

「稻盛君嗎？來，請坐，別拘束。」青山政次爬滿笑紋的眼角瞇的老高，方闊的額頭垂下幾絡白髮。

他相當欣賞在技術上不斷求進的研發人員，這年頭專注在本業的年輕人愈來愈少，進到大公司通常汲汲營營於升遷、計較福利的多寡。像這樣對於工會的利誘能不動心，一心一意鑽研新技術，真是太難能可貴了。青山政次看著這位面容清秀、體格挺拔的年輕人，覺得是位值得拉拔的才俊。

「你是從鹿兒島來的？」青山政次問道。

「老家是在鹿兒島，畢業於當地的大學。家裡排行第二。」和夫答道。

「喜歡研究無機化學嗎？」

「報告部長，其實我在大學是研修有機化學，是因為大學恩師的介紹，才進入公司開始接觸陶瓷。」和夫靦腆起來，耳根突然發燙，繼續說道：「是慢慢研究出興趣的，由衷希望我研發的產品能為公司創造利潤。」他半身欠身前彎。

「研究出興趣……聽說你為了快點在技術上取得突破，不僅吃住在實驗室還自費買了不少國外期刊，真是不簡單啊！不錯，相當認真。」

「部長，您過獎了！只是將分內事做好……是我職責內的工作。」

「鎂橄欖石研究的進度如何？」

「成分、比例、徑度都能製作出穩定接近理論的數據，但在問混合燒炙上，仍還有問題存在。」

「很好！繼續加油。」青山政次停了一會，從抽屜拿出一只文件。

「這是松下電子工業的業務調查報告書，上面寫道，這一兩年內若國內技術成熟，不排除將荷蘭飛利浦公司進口的U型絕緣體[18]，改為在日本國內製造。稻盛君啊！若你的新型絕緣體能夠在技術上取得突破，並大量生產，我們公司的業績就指日可待了。繼續努力啊！有什麼需要盡量向我開口，別客氣。」青山政次鼓勵道。

「謝謝部長，我會加倍努力的。」和夫站起來，恭敬的鞠躬。

一大清早，松風工業的職員們正準備上工時，播音系統突然響起，要求各部門派遣三人至大門集合。

所有職員雖然相當納悶，但各主管仍協調派出人員，以免影響工作進度。和夫率領的特殊陶瓷課，新進人員尚未補足，他帶著另外兩名部屬前往指定地點，留下前天才到職的岡川健一看守窯爐溫度。

入冬的京都，天空慢慢飄下細雪。

鐵柵欄早已打開，三十幾位員工整齊列隊在紅毯兩旁。

五輛黑色汽車駛入停妥後，貴客們陸續開門走進，松風工業的董事們及一級主管連忙趨

18 用於電視映像管的陶瓷零件。

前迎接。

站在紅毯邊的和夫注意到車門上，印有綠色的「松下電器」字樣，雖然肩上開始積雪，仍保持微彎的站姿迎接公司貴客。

隔壁兩名女性職員突然小聲的交頭接耳，和夫跟著她們的眼光看到一個卓爾自信的身影，俊俏的臉蛋尤其熟悉。

當他走過和夫面前時，往和夫站的方向望了一眼，那倨傲的神態……

松本清治……居然會在這裡出現。

和夫在內心不禁大叫。自從中學畢業已經五、六年沒見了，竟然會在這種場合遇到。看著董事們對他拘謹的態度判斷，應該在松下電器位居要職。和夫不知不覺倒退幾步，脖子更彎了。

回到研究室的和夫，顯得有點沉默，荻原忍連續問了幾個原料問題，答覆的相當簡單，與過去詳細解說相去甚遠。

連續幾天的氣氛都相當低迷，大家都默默進行手邊的工作，下班鐘聲一響也就各自下班。

「稻盛前輩，高嶺土的庫存只剩下一週的用量，請問下一步我們應該？」岡川健一離開前轉身問道，肥大的耳朵在小臉旁有點突兀。

「兩週前不是已經填寫申請原料書了嗎？」和夫坐在球磨機前悶悶地說。

「前輩，六天前總務部派人說原料已到，但我們去取卻說沒有。」

「怎麼會？」和夫抬頭站起來，差點將量杯打翻。

「為何沒有早點跟我說？」和夫口氣急促的問。

「稻盛前輩，荻原忍在當天已經跟您報告過了，那天您並沒有下任何指示。」岡本健一語氣有點冷淡。

和夫想起，那天好像是松下電子高層來訪的日子。

「我待會有事，先下班了！」岡本健一將門口的盆摘擺正後便離開。

和夫怔怔的看著空無一人的研究室。

冬天的太陽三、四點早已西沉，外頭是漆黑一片。

咚～咚咚～咚咚咚～

厚實沉穩的鼓聲漸次響起。

每當需要平靜時，都會不知不覺地往佛寺走去。和夫抬眼望了望寫著「潤福寺」的匾額。聽著師父們誦念晚課的經文，他隨意的翻閱放在桌上的佛書。

三藏法師從西方取經所流傳下來的「般若波羅蜜多心經」，其中一句「無苦集滅道，無智亦無得」吸引他的注意。

所以人生下來，就得接受一切苦嗎？

窗外靜的只有風聲，他四處搜尋老師父的身影，卻遍尋不到。

「居士，有何煩惱？不過人本來就有八萬四千種煩惱，但有些是真煩惱，有些是假煩惱。情緒的習氣即是自惱的假煩惱，一切種種相的身心變化，才是真煩惱。不過這些煩惱又是起心動念而來，又可謂虛妄……」身穿赤色袈裟的年輕師父，走過來對著和夫自問自答長長說了一串，頭上新燙的戒疤還留有淡淡的血痕。

「不過你好像不是來找我的，那麼就先告辭了！」還沒等到和夫答話，年輕師父便翩然離去。

「稻盛居士，您來找我啊？看來你的疑問應該已經被慧思師父解開了。」瘦削的長眉老師父，笑吟吟的站在前方佛壇邊說道。

「呵呵呵……」和夫乾笑了幾聲，不知如何回答。

「師父，只是親眼看到小時候常欺負我的玩伴，現在於大公司身居要職，內心有點不是滋味。」和夫說道，並將年幼時被人設計陷害，而後被老師處罰受寒，罹患結核病差點死去的事情全部說出，這些對他而言是深埋已久的陰影。

長眉老師父專注的聽他說完後，拍了拍和夫結實的背膀，說道：「很好，很好，恭喜你，現在活得很好。」

和夫聽了一頭霧水。

「過去的事情又何必自尋煩惱呢？幼時的玩伴現在有好的發展，就應該恭喜他，讓自己也活得更好，不是嗎？」長眉老師父滿是皺紋的黝黑笑臉，散發燦然的光輝，讓和夫看了愣一下。

是啊！讓自己活得更好，又何必自尋煩惱呢？

西元一九五八年，春初。

正式成為實質領導的稻盛和夫，擔任特瓷課[19]主任已有兩個月的日子，自從他找出「禪定般」的決心後，工作更加賣力。每天下班後，幾乎都會帶著部屬到附近的夜市或居酒屋喝一杯，天南地北的聊，並不斷的向部屬說道：「為何要如此拼命，因為缺少這個陶瓷零件就無法做出顯像管。我們現在做的是東大、京大都辦不到的高度研究，若不親身實踐就無法明白陶瓷的本質，讓我們一起將這個了不起的製品推向世界吧！」

特瓷課在和夫活力十足的帶領之下，研究進度較其他實驗室快了兩倍以上。

原本以為失竊的高嶺土原料，半個月後竟在倉儲中找到，總算讓神經緊繃的特瓷課鬆了一口氣。不過研究進度在原料黏合的材料上陷入膠著，試遍各種接合劑，還是在燒鍛後型度不佳，無法成形。

不斷煩惱接合劑材料的和夫，總是最後一個離開研究室。

19 特殊瓷器課。

為了想出最好的方法，他總是在研究室外面走廊來回踱步。

「傳統的陶器使用黏土接著，可是它的不純質該如何去除呢？粉末狀的鎂橄欖石礦物成形，若含不純物質就無法合成……」和夫低頭自言自語道。

一不留神，腳底踢到某樣硬物，和夫一個踉蹌，差點跌倒。

「是誰？哪個人不小心把東西放在這？」和夫不禁生氣大叫，他反射性的抬腳一看，鞋子上黏著茶色松香般的東西。

應該是秋津前輩用來做實驗的石蠟吧！

念頭突然閃過——或許純淨的石蠟可行。

他飛奔到研究室中，將粉末原料混進無雜質的石蠟，攪拌後放入模具半成型後，置於高溫爐中燒製。

和夫屏氣凝神的站在窯爐旁等待，

終於………完全吻合，燒製過程中臘完全溶解揮發，沒有一丁點的雜質留下，簡直是……奇蹟。

他雙腿一軟，不禁跪了下來。

五天後，新型U字型絕緣體，由鎂橄欖石原料所製成的產品，正式宣布量產。

週末傍晚，松風工業的第二會議室正舉行幹部會議。

「公佈欄的告示，相信大家都已經看過了！」會計部的宮城部長，睜著如黑豆般的小眼沉重的說道。

「工會的罷工連署已經達到法定五分之三門檻，三月一日起即將自主性停工一個月。」工會委員長堂本松一面無表情接著說道。

「堂本啊，你說服一下其他人退出連署好嗎？你知道公司已經虧損好幾年，銀行利息都快付不出來，若罷工影響到正常的出貨，對於信任公司的顧客真的是說不過去啊！」宮城部長與堂本松一在大學時是同窗好友，進入松風後，認真苦做的宮城極受上司賞賜，不到六年就升到部長的位子，但同時也讓堂本眼紅，兩人就此漸行漸遠。心繫公司存亡的宮城仍不死心，希望擔任工會委員長的堂本松一，能打消這次的罷工行動。

「部長，很抱歉，除非公司能取消這一波兩百零四名的裁員行動。」堂本松一壯如黑熊的身軀深埋在旋轉椅上說到。

「這……」宮城部長頓時啞口無言。裁員並非各部一級主管的決定，而是董事會的命令，他也無能為力。

十位各級主管幹部，包含工會委員長共十一人，就罷工協商問題無法取得共識，只得就前置工作及後續罷工結束後問題，進行討論。

輩分最資淺的特瓷課主任－－稻盛和夫，坐在會議桌末端，無奈的看著各級長官憂心忡忡對於後續行動，做亡羊補牢的規畫。

在確定新型絕緣體能順利量產後，松下電子工業正式與松風工業簽下每月十萬顆電子零件生產合約。

一次十萬顆的產量，對於剛量產的新產品來說，尤其吃緊；況且松風工業的負債實在太大，很多機器設備都無法更新，導致只能每日五千、七千顆的勉強出貨。

「岡川健一、濱本昭市，你們再去窯爐另一頭測試穩定度。」和夫滿頭大汗的對著五十公尺遠的部屬們說道，疏短的眉毛被汗水浸的濕成球狀。

咕～

和夫的肚子響了空鳴，整個特瓷課生產部都清楚聽到這令人尷尬的聲音，生產線旁還有其他女性員工，和夫害臊地恨不得有個地洞可以鑽。

「主任，您要不要趕快去用餐，都已經九點了，您都還沒休息。」岡川健一打破尷尬的沉默說道。

「喔！好好，我這就去吃。」和夫趕忙離開生產線，快步走向衣架拿起外套。

「可能是中午吃得不夠飽吧！」他用自己才聽到的聲音說道。

生產線的末端，負責最後檢驗的位子上，有雙清亮的鳳眼盯著和夫剛闔上的門。

「朝子，零件都堆到我這啦！」坐在有著一雙漂亮鳳眼女生對面的中年婦人提醒道。

「好的，很抱歉耽誤到您。」朝子有禮的輕聲說道。

翌日中午，從生產線回到辦公桌的和夫有了新發現。

桌上出現了一個份量頗豐的圓形餐盒，包捆的布巾上繡有一隻展翅的丹頂鶴。

一股異樣的感覺籠罩在心頭，但注意力很快被飄散出來的飯菜香給吸引。

不拘小節的和夫沒想太多，快速將布巾拆了，掀起餐盒的蓋子，開始大快朵頤。真是豐盛啊！淋滿醬汁的白飯、炸的酥脆的豬排、鮮綠的炒蘆筍、還有燉到入味的咖哩，天哪！真是太滿足了。

和夫三兩下就將飯菜吃的一乾二淨，滿足地將餐盒包成原樣放在桌上。

晚上下班時，桌上的餐盒已被人收走。

「稻盛主任，工會委員長來找你。」和夫正準備離開研究室時，走在前方的荻原忍回過頭說道。

和夫抬頭看了一眼時鐘——九點十五分。

「堂本君，您來找我是為了工會幹部的事嗎？」和夫上次公然拒絕擔任工會幹部的事，據說讓部分工會幹部相當不悅。「特瓷課是董事會走狗」的謠言傳的沸沸揚揚，特瓷課的部屬說，連走在公司裡都常會被冷眼對待。但和夫堅持只要仰不愧天、俯不愧地，認真將分內的工作做好，不必在乎那些蜚短流長。

「沒有，只是特別來提醒你下個月一日，開始全面罷工的事。」堂本松一遞出工會印發的正式文件，牛鈴般的凸眼刻意垂了下來。

「還有十五天的時間，你們部門應該來的及做預先出貨的準備吧？」堂本提出問題時，嘴角閃過一絲笑意。

專注文件內容的和夫，並沒有看到堂本松一的表情，他搖了搖頭接著道：「難度有點高，原本預計週末要出貨五萬支零件，但現在只能交出兩萬七千支，但這似乎是特瓷課生產線每天趕工到深夜的極限了，何況參與全面停工的預先生產。」和夫避開「罷工」的敏感字眼。

「喔～是這樣啊！」堂本松一皮笑肉不笑的說：「上次餐廳的事，是我太唐突了，應該不會造成稻盛君的困擾吧？」他指的是邀請擔任工會幹部。

「呵呵呵……這麼久了，我都快忘了！」和夫笑著帶過話題，今晚要連絡鹿兒島老家的哥哥，問他寄過去的錢收到沒……還有母親療養的情況，希望快點結束與堂本松一言不及意的對話。

「我待會還有事，這麼晚了不耽誤你下班時間，改天再約你喝一杯。」堂本故作熱絡地說。

「好、好，若工作進度趕上，一定。」

◇◇◇

四週漸漸暗下來，紫色的薄暮籠罩著長岡地區，左前方成排的櫻花樹吐露新芽，在北方的地平線。

和夫坐在河堤旁，望著落日餘暉出神。

後天就要正式罷工了。

但好不容易步上軌道幫公司獲利的生產線，也要就此停止。

他心裡掠過一絲蒼涼。

「在山上追逐兔子，在小溪釣魚，至今我還仍常夢到難忘的故鄉，不知道父母是否安好、不知道朋友是否無恙，就算刮著風下著雨，我仍思念我的故鄉。希望能夠達成志向，有一天能衣錦還鄉……」

唱著兒時熟悉的旋律---故鄉，伴隨涓涓溪流，遙望消逝的落日餘暉，黑夜漸漸籠罩，剩下稀落的星斗閃耀……淚，不禁滑落。

有一天能衣錦還鄉……

今天沒有留下來加班的他，內心異常焦灼，面對工會強勢的罷工指令及迫在眉睫的交貨數量……到底誰重誰輕？好不容易捱到今日，研發技術終於能應用在工業生產上……

內心浮現青山政次部長滿頭斑白的頭髮、滄桑卻豁達的神態。

和夫將頭深埋在兩膝間悶住聲音，努力讓自己不要哭出聲，但肩膀仍不斷地抽慉著。

昨夜難以成眠的和夫，一大早依然準時到達研究室，強打精神將新進的機器安置好，協同年輕技師及生產線的同事們，反覆測定出穩定生產數據。

連續三、四小時彎腰檢視設備、搬運重物跟計算數值，滴水未進的和夫到了中午，幾乎直不起身子。

走到辦公桌準備休息時，又看到繡有丹頂鶴的白色布巾包裹的餐盒。

累到說不出話的和夫，被濃郁的飯菜香蠱惑著，打開蓋子三兩下就吃得乾乾淨淨。

「稻盛君，今天還忙的過來嗎？」秋津千牧走到他後頭，拍拍和夫的肩。

「秋津前輩，您怎麼來了？」和夫連忙喝杯水順順喉嚨站了起來。

「昨晚看到你回到宿舍時，似乎滿腹心事，自從你升上特瓷課主任後，我們就愈來愈少在公司碰面，想說來借器材時順道看看你。」矮胖的秋津千牧仰頭對著和夫說道，慈祥的雙眼滿是關心。

「記得明天開始全體罷工啊！提醒你，到時辦公區、廠房、實驗室包括大門全都會上鎖，需要帶在身上的物品可別留在實驗室。」午休時間很快就過了，秋津千牧離開時再三叮嚀和夫。

實驗室、窯爐、新設置的機器開始陸續起動，技師及生產線人員來回忙碌。和夫看著自己部門員工卯足全力，堅守在崗位上揮汗如雨的工作，這時內心有股莫名的力量竄起。

晚上八點，特瓷課的員工們，仍沒有下班離去的意思，所有人都在為最大的出貨量不斷地努力。

松風工業的其他部門都為了明天的罷工行動，早早在五點下班，工會張貼的告示說明：二月三十日凌晨十一點五十九分，將鎖住所有的出入口。

和夫再也按捺不住，將部屬們集合在隔壁的臨時會議室。

十幾個人擠在狹小的空間裡，體溫散發出的熱氣、汗水的酸味充斥，一雙雙年輕的眼睛緊盯著和夫。

「其實我也跟大家一樣，想藉由罷工行動壓迫高層調高薪資；但如果我們特瓷課跟著一起罷工，會造成什麼結果？不只會給松下電子造成麻煩，松下也會立刻找別處代工。我們好不容易以特瓷改善了公司經營情況，若因此失去顧客，公司立刻就會面臨破產；到時別說是提高薪水，恐怕連明天生活都會成為問題……所以我希望特瓷課不要參與罷工，留在工廠正常工作。」和夫握緊拳頭說道。油汙汗漬佈滿的藍色技師服顯得破舊，但在傳達意志時那些髒汙破損彷彿也充滿了活力。

自從生產線步入軌道後，和夫便常常帶著部屬，在週末或平日下班後一起打棒球、玩拳擊，或用寄回老家剩下的微薄薪水請部屬們喝酒小酌一番，營造快樂的氣氛，讓工作不至於厭煩。所以特瓷課的部屬們都相當信服這位年輕的主任。

「主任，我與堂園保夫都無異議的支持。」伊藤謙介率先舉起右手，寬厚的肩頭激動的上下起伏。一個月前特瓷課生產線人力不足，因而被借調過來，跟著和夫工作一段時間後，被他認真執著的性格深深感動，也將自己大學好友堂園保夫引進特瓷課。

「我也無異議，只要是主任決定的事，都願意追隨。」瘦小的荻原忍也推著粗框厚重的眼鏡點頭道。

「沒問題，明天我們都繼續工作。」其他人都紛紛異口同聲的表示贊同。

「我…也可以，但是製造出的產品要如何送貨呢？罷工時，公司廠房裡裡外外的門都被封鎖住了！」特瓷課唯一一位女生－－須永朝子也發聲了，纖細嗓音一出，所有人都轉頭看她。

稻盛和夫與須永朝子視線交會一下，馬上清了清喉嚨說道：「這問題我也思考過了。」和夫將計劃全盤說出，主要是由須永朝子在封鎖的圍牆外負責接貨，並郵寄到松下電子，其他人則是吃住在研究室、生產線裡。一來工會的人對於女生比較沒有戒心，二來讓特瓷課唯一一位女生住在公司裡也不太方便。

討論完後已經九點半，所有人快速張羅所需的物品，包含簡易可食的罐頭、麵包、方便麵、換洗衣物……。

確定所有物資、送貨動線都籌畫準備好時，伊藤謙介將準備合衣就寢的和夫拉到研究室的角落。

「稻盛君，你是不是連續好幾天中午，都在自己的桌上發現豐盛的便當？」伊藤悄悄附在和夫耳邊問道。

和夫盯著伊藤的寬臉點頭道：「是啊！沒錯，第一次看到便當放在我桌上，過了一段時間都沒有人拿走，我就把它吃掉了，沒想到一連好幾天中午都還是看到同樣新鮮豐盛的便當。」

伊藤低著嗓門說道：「那是須永朝子準備的。」

松風工業鋼製大門旁，頭戴抗議白頭巾的工會成員，手拿訴求「加薪、加福利、保障未來」的白色布條整齊列坐在前。公司廠房出入口都有糾察員密實的看顧著，不准任何人員，包括公司高層幹部、董事會的取締役、專務、監察人進出，並且主張，除非合乎工會要求的條件，否則拒絕談判。

罷工抗議行動雖然公司高層早在兩個月前早已獲知，不斷派各單位主管與工會幹部協商，奈何工會委員長的態度強硬，回應若沒有完全答應所提出的要求，絕不善罷甘休。

「董事會自肥，不管員工死活。抗議連續四年沒有調薪。」

「除了月薪，還有獎金。」

「我們付出勞力，請給我們應得的福利。」

圍坐在公司大門的五十多名抗議員工，冒著綿綿細雨大聲喊出口號。

「委員長，這是日間抗議行動及糾察員的班表。」井上芽遞給堂本松一一張密密麻麻的表格，記載罷工一個月裡每日抗議主軸、各門口排班的糾察員、所屬部門……的詳細資料。

「嗯……」站了一整天的堂本，開始覺得頭昏眼花，他將吃剩的飯糰包好，塞進背包，仔細看了看表格。

「妳確定資料沒問題？」堂本看著和工作時截然不同，一身輕便運動服的井上芽有些不習慣。

「已經和組員確認過兩、三次了。」

「為何公司裡的九大部兩小課中，少了一課？」堂本松一牛鈴大的凸眼有些駭人。

「我有點累，到車子裡休息一下，資料重新校正好再來找我。」

雨停了，天空的烏雲變得更厚重，刮起一陣陣大風。

井上芽連忙把負責保管資料的工會幹部叫來，重新一個個查對。

過了半小時，井上芽敲了敲停在松風工業兩百公尺遠紙廠前的黑色可樂那[20]兩門車。

20 1955 年豐田汽車出產第一台全自主的國產車 CROWN。

「報告委員長，確定是沒有特殊陶瓷課的人。」

堂本松一昏沉地腦袋一下子就醒了，他啞著嗓子問：「你說剛成立的特瓷課嗎？」

「是的。」井上芽機械式的回答。

「沒想到公司裡的董事會養的狗這麼多啊！。」

雨後黃昏的天空，厚重雲朵很快就退去，白晝般的街燈一盞盞接續亮起。紅色磚牆旁，身著藍底碎花長洋裝的纖細女生，踩著平底鞋躡手躡腳的左右張望。

「好！沒問題了，稻盛君請丟下來。」須永朝子仰頭看著牆頭說。

「十三公斤的零組件，分成二十六小包，我一次只丟一包，應該不會太重，請小心。」和夫站在另一頭圍牆的矮凳上向下看，語氣有查覺不出的溫柔。

「記得腳踏車後座要用繩子交叉捆好，等一下連繩子也會給妳，如果覺得後頭重心不穩，就將多的包裹丟回來沒關係，剩下的明天再寄。」和夫兩頰潮紅額頭冒汗，叨叨絮絮的交待。

扶在他旁邊遞貨的堂園保夫扯了一下和夫的衣角說道：「已經講好一次運出去十三公斤，別婆婆媽媽的。快點丟下去，咱們朝子可是老早就準備好要運貨的工具了！」有著一頭硬如刺蝟般頭髮的他，口直心快地急道。

看著須永朝子有些焦急的神態，和夫也不禁緊張起來，他快速且小心的丟下包裹，一邊留意朝子的表情。

「好了，我去寄貨了。」朝子俐落地將二十六包貨物，牢牢的綁在腳踏車前後的籃子裡，便穩穩地騎車往郵局方向。

「稻盛前輩……你，是不是喜歡朝子啊？」跟著和夫收拾善後的堂園保夫突然沒頭沒腦的問了一句。

◇◇◇

一個月的罷工行動中，特瓷課偷偷運貨給松下電子的事，消息很快在全公司蔓延開來。各種罵名不斷地流竄---故作姿態討好高層的特瓷課、公司走狗般的主任。

但無論如何責怪，和夫聽在耳裡都毫無畏懼，也向周遭工作的同事解釋：「我完全無意與工會為敵，也非公司賣命的走狗，我只是不想讓好不容易點亮的燈熄滅而已。相信工會也很清楚，現在公司全靠特瓷課才能維持經營，也明白我有多想讓這個事業上軌道，但工會批評我這麼做是『破壞團結』，我……也只能默認。」當和夫在跟旁人說這些話時，落寞的神情中仍帶著一抹堅毅。

罷工倒數第五天，董事會的高層派了青山政次為代表，穿越工會的封鎖線到特瓷課研究室。

「部長，您怎麼來了？」埋首在製作產品、測試良率的和夫驚訝道。連續二十幾天都吃住在研究室，突然看到平時最照顧他的長官，心裡有說不出的感動。

「稻盛……你真的太令人感佩了！」青山政次伸出手搭上和夫的肩頭，並從西裝內側口袋中，拿出一疊厚厚的信封。

「董事會特別請我帶了一點心意，你可以拿來慰勞大家。」他環顧了周遭正各司其職努力趕工的職員，花白濃密的頭髮在燈光照射下，似乎環著一圈光芒。

接下厚重信封，和夫的心中五味雜陳……堅持不間斷的生產出貨，並非為了自己、也不是為了公司，而是不想給客戶帶來困擾、不讓跟著自己工作的同伴失去希望；更何況這份工作是自己真心喜愛，單純想繼續工作罷了，公司在此情況感謝我並不合理啊！

「感謝公司的好意，這筆錢真的不能收下。」經過幾番推辭，和夫還是將信封退還給青山部長。

和夫送別青山部長後，青山叫住準備離開的他。

「之後我若是被調到其他部門，有任何需要幫忙的事，還是可以儘量來找我。」

特瓷課不遵守工會罷工命令的此項舉動，在公司上下引起軒然大波。

長達一個月的罷工抗議行動結束後，特瓷課的職員尤其是和夫，無論在申請原料、會計請款、與其他單位合作處理交辦事項，都顯得困難重重，常常遭人有意無意的刁難。但公司的高階主管倒是非常賞識和夫如此豪勇的作為。

呱呱、呱、呱呱……

盈月高掛，溪流邊雄蛙求偶聲迴盪在遼闊的曠野。

中京區，西京原町工業區的邊陲，和夫沿著善峰溪緩步獨行，碩長影子拉地長長的，在乍冷還寒的初春顯得孤寂。

新型絕緣礙子的生產已步入軌道，也為公司帶來不少獲利……只要想到與工會敵對、其他部門間的蜚短流長，還是相當煩心。

昨晚收到大哥力則來信，表示老家鹿兒島的雙親，對於他升上主任一事相當高興，等到天氣暖和了可能要搭船來探望他，順便慶賀一下。

信上的字跡有著點點水漬，和夫甚至感受當時家人喜極而泣的模樣。

自從成功研發出新產品後，松風工業高層對他越有深切的寄望；兩週前日立製造所向公司提出開發陶瓷絕緣真空管的提案，已正式由特瓷課接手。特瓷課共有五位技術人員，但實質上卻是由和夫一人主導研究專案，第一、第二研究室對於新成立的特瓷課，擁有高層如此厚愛相當眼紅。

週一，之前的老長官——青田課長特地找他吃飯，巧妙的暗示說近日董事會與工會的角力戰恐有些變化，工會好像抓到董事會指使會計部門做假帳的把柄……交換條件的結果，部門主管人事可能會出現異動，簡言之就是堵住流言的酬庸。

「唉……」和夫對著黑夜中瑩亮的月色嘆氣。

「來來來！這是有樂町最有名的牛肉蓋飯。」素有大嗓門之稱的伊藤謙介提著外送專用的飯箱進來。

「好清新的牛肉香啊！頭一次聞過。伊藤君，原來你不只嗓門大，連嘴也挑啊！這麼香一定很好吃。」堂園保夫耐不住飢腸轆轆，衝上前將飯盒一個個拿出。

業務繁重的特瓷課，幾乎天天加班，不到晚上九點是看不到燈火熄的。

「八點半……主任呢？」旁邊剛推著一箱原料進門，年紀最輕的畔川正勝問道。

「噢！稻盛君嗎？應該是去約會了！」伊藤若無其事的說。

現場所有人除了堂園保夫，眼睛都睜的老大。

「等等……怎麼須永朝子也不見了？」有人驚詫的問。

「你們也太後知後覺，還記得兩個多月前到現在，每天中午主任桌上的便當嗎？那都是朝子親手做給主任的。」伊藤慢條斯理的說道。

「天哪！所以他們早就開始在交往了嗎？」

「可是上次罷工事件時，看他們兩個互動也算平常……」

「難怪有時候朝子都會等主任一起下班，那時候我就在猜，他們可能彼此都有好感。」

七、八位員工你一言我一語的熱切的討論特瓷課的「特等」大事。

「你們在討論什麼啊？這麼熱鬧。」不知何時從門外走進的和夫，笑容滿面的走到部屬休息專用的長桌。

「主任……您回來啦？」畔川正勝孩子氣般的臉龐對著和夫傻笑。

「有樂町最有名的牛肉蓋飯，有留一份給你當宵夜在桌上。」伊藤謙介頭埋在飯盒，一手指著和夫的辦公桌。

「我吃過了，謝謝。你們分著用吧！」和夫說道。

「主任……聽說你跟朝子在交往？」畔川正勝手拿飯盒伸長脖子問道。

和夫聽到如此直率的問題，愣了一下，臉莫名的紅起來，他默默的點頭承認道：「是的，我們正在交往。」

「主任，你們是三個月前交往的嗎？」

「去拜訪過朝子家了嗎？」

特瓷課研究室因為這句話變得鬧哄哄的，大家七嘴八舌地問起和夫一堆奇怪的問題。

因為罷工事件而遭到其他部門排擠的特瓷課，今天氣氛輕鬆許多。

三月，京都的天氣陰雨如綿。

轉眼間，在松風工業已有三年之久了，相較於當初北上本州時的青澀、一心只想逃離這間瀕臨倒閉、沒有前途公司的想法，和夫現在變得相當積極，對人生、工作的態度有很大轉變。

「稻盛先生，部長請您進去。」女秘書打斷和夫的冥思。

和夫跟著女秘書穿過有如藝廊的通道，開門進入。

「齊藤部長，您好。」和夫的招呼有些客套。

「青山告訴我，特瓷課的主任是不可多得的長才，要我多多關照你。」齊藤拓也猴子般的尖臉微笑時露出兩顆虎牙。

取代青山部長位置的齊藤拓也，十多天前才上任，原先是擔任銀行課長。

「你的研究報告我每天都看得很仔細……怎麼一點突破性也沒？尤其是日立都已經將美國製造真空管的基礎說明書，一份不差的交給你，為何一個月快過去了，連穩定數據都出不來？」空降技術部部長位置的齊藤拓也，話鋒一轉臉色突變，咄咄逼人的問道。

「報告部長，日立所要的是改良過的超微型陶瓷真空管，在挑選合成原料、調配比例時考慮的因素會比原型困難許多，而我們……」和夫耐下性子解釋為何無法突破的原因。

「停、停停。先別說這麼多，並不是我要刁難你。因為接單的還有競爭者――立清工業，從明治時期創立的公司，號稱沒有不可能的技術，不是我不給你時間，而是競爭對手不給我時間。」齊藤部長猴子臉皺了起來，接著說道：「再給你一週的時間，若再沒有製造出成品，那麼很抱歉，這可能是你的能力不夠，藉時我將會有別的考量。」強烈暗示專案將由他人接手。

和夫瘦高的身體晃了一下，他深吸一口氣說道：「部長，整個特瓷課都在傾全力研發，光是試驗過的材質過去二十七天就高達七十一種，還不包括顆粒徑度比例及球磨機轉速的配合……」

「主任，我知道你相當認真，也為我們松風立下汗馬功勞，可是若能力無法勝任，也只能將專案交由他人接手。」齊藤拓也再度打斷和夫的話。

和夫雙手握拳，高聳的顴骨繃緊，他直視齊藤部長閃爍的眼睛，突然向齊藤部長行九十度大禮。

「既然我能力不足，那我就立刻辭職。」和夫拋下這句話，頭也不回的大步離去。

◇◇◇

京都市左京區，海拔九百五十公尺白倉岳山脊。

一群年輕登山客，背著輕裝緩步而行。

「畔川……步伐慢點，後面的人都快跟不上了。」岡川健一喘著粗氣撐著登山杖，對著前方五十公尺遠的畔川正勝喊道。

「岡川前輩，你有看到稻盛前輩嗎？」畔川正勝回過頭大聲問道。

「我也沒看到，記得走到松本地藏的時候，主任就默默跟著師父後面，師父的腳程又特別快。」通常週末和夫會將部屬們聚在一起打球、健行，這次是第一次參加潤福寺的行腳[21]活動。

「在這，你們快上來，就快攻頂了！」茂密的樹林掩住稻盛和夫的身影，他的聲音從高處清楚傳來，依照常理判斷距離應該不遠。

幾個人氣喘吁吁的用早已麻痺的雙腳，循著和夫方向的聲音向上爬。原本以為到攀登到

21 僧人為尋師求法而遊食四方，與禪宗參禪學道的雲水同義。

高度九百一十公尺的烏帽子岳，就差不多準備下山，沒想到潤福寺的師父們還是繼續往前走。

行腳中的師父，身心都處在冥想的清靜狀態，沒有到達目的地是不會開口講話的。岡川健一的尖臉上，汗水如瀑布般滴落在鞋尖，他有點後悔參加一日登山活動；這裡空氣清爽，但身子一動就是滿頭大汗，平常少運動的他只想馬上回家呼呼大睡。

滿山嫩綠的櫸木、雪松，帶著春天特有的乾爽氣味；未腐的落葉枝條，伴隨腳步發出輕脆的聲響。

高度越高，視野越加開闊，望著連綿山峰接著碧藍如洗的天空，和夫不禁感慨。

「居士，是否願意跟著師父繼續往上走？」許久未開口的長眉老師父停下腳步回頭問道。

長眉老師父似乎感覺到和夫的猶豫，他朗聲笑了起來。

「掛念後面的同事們嗎？」長眉老師父草帽下滿是皺紋的臉，閃現長期苦修下內斂的光芒。

「是……師父真是抱歉，他們過去沒有登山的習慣，擔心體力可能無法支撐。」和夫抬眼望了望前方揹著頭陀袋[22]，步履輕快的慧思師父。

「進入中岳後，大約走二十分鐘就是南岳了，那裡可以看到富士山。」長眉老師父神情悠然的說道。

「富士山？左京區距離那裡大概有兩百六十幾公里，肉眼甚至用最新型的望遠鏡也無法看到吧？」和夫雖然相當敬重老師父，但聽來似是而非的事，卻也忍不住辯論。

「因為沒有『用心』。心可以照見萬物，甚而看見未來；萬事萬物都在變動的現在，這一刻我在這裡……下一刻我又在哪裡？」老師父語帶玄機的問。

和夫愣住了，理工出身又是技術員的他，凡事講求實事求是；對於如此深奧的哲學問題，從未去思索過。

「站在白蒼岳南側山脊的高處，我彷彿可以在雪松枝葉縫隙中，看到富士山白靄靄的頂峰。天理市的新林住持也曾說，他日必定能在此地，親眼見到富士山稜線旁鑽石般的光輝。」長眉老師父停了會，又繼續說道：「你年幼時因罹患重症，所體悟出的心相，便是七種修習

22 雲遊和尚所攜帶的行囊。

禪定[23]中，首要的『正知』……現在居士應該在工作上遇到困境阻擾，但解決的方式無他，唯有向內求方能生出般若智慧。」常在潤福寺禮佛靜心的和夫，時常向老師父提起兒少時的過去。

後方傳來幾聲呼喊，和夫眼神微微向後飄了一下，老師父見狀嘴角含笑。

「居士，先告辭。南無、南無，感恩。」老師父眉眼低斂雙手合十。

「南無、南無，感恩。」

登山後回到宿舍，與特瓷課的部屬們吃完晚餐，和夫比以往更早回到房間。

整理完當週的工作筆記，正準備拿出行李袋整理東西時，一群人連門也不敲的衝了進來。

「主任，聽說你辭職了。」口直心快的伊藤謙介首先發難，大鼻頭上滿是汗珠。

「難怪今天不但請我們吃飯，還破天荒的帶我們去登山。」

「特瓷課少了稻盛君的領導，還能是特瓷課嗎？」

23 修習禪定《最上層禪》的七條件：一、正知，二、正行，三、定慧等持，四、莫值外道，五、不依趣文，六、悉能分辨，七、自我檢查。

五、六位同事你一言我一語的，將不知所措的和夫團團圍住。

「既然主任都不待了，還留在這做什麼？我堂園保夫，也要跟著前輩共進退。」堂園保夫激動地拍胸道。

伊藤謙介更是在旁不斷地點頭附和道：「沒有稻盛君，就沒有特瓷課的存在，你走了，我們當然要共進退。」

「既然如此，不如乾脆自立門戶，轟轟烈烈的跟著稻盛君作一番事業。」岡川健一緊握雙拳大聲喊道。

「對、對、對，就是要自立門戶，讓稻盛君的技術問世。」在場所有人紛紛憤慨的齊聲大喊。

「可是……我們沒有資金和器具怎麼籌備公司呢？」和夫對於部屬要與他一起奮鬥的決心，十分感動……但，沒有錢真的是萬萬不能啊！過去松風所發放的薪資相當微薄，特瓷課的部屬當然也好不到哪裡去；沒錢又沒房產可向銀行借貸，又怎麼能靠著滿腔熱血，說開創就開創呢？

靜靜坐在門旁椅子上的青山政次，緩緩開口道：「嶄新的未來本來就充滿不確定性，這段時間看到了稻盛君的衝勁及努力，我也想在你身上孤注一擲……我，也跟隨你的腳步。我們來想辦法籌措資金，創立公司吧！」

相處近三個月來，稻盛和夫對於部屬們的照顧，及自身對工作嚴謹的態度，早就讓他們欽服不已。得知和夫前日向公司遞交辭呈的消息後，所有人就決定追隨和夫的腳步，離開松風工業，現在又有老長官青山政次義無反顧的支持，更是讓在場的人士氣大振。

青山政次為了幫新公司籌措資金，連續一個多禮拜接連寫信、帶著和夫拜訪多方親友，終於找到願意相信和夫技術的大學同窗舊友，京都配電盤製造廠的西枝一江先生、宮木電機製造所的董事宮木南也先生、交川友先生。

交川友先生面對大學同窗，青山政次的請託仍是有點猶豫。

「你真傻，這位稻盛君再怎麼優秀，二十六、七歲的小夥子能成什麼大事？」頭髮稀疏目光灼灼的交川友，既身為製造所的董事，行事十分謹慎。

「稻盛君具有一般人所沒有的熱情，必有一番作為。」青山政次跪坐在椅墊上的身體往前傾，注視著十多年的好友。

「熱情、熱情，光有熱情就能讓事業成功嗎？」交川友兩手平貼在腿上，動也不動的問道。

和夫再也忍不住，用雙膝挪動到交川友先生身邊，壓低身子急道：「將來一定是特殊瓷器的時代，請相信我。」

經過再三地拜訪請求，交川友先生終於點頭出資，並領著宮木電機製造所的高階主管一起投入。

設立一間新公司所費不貲，電熱爐、研磨器材、分析儀器、購買原材料……還有營運資金等共需一千多萬日圓。

宮木電機高層出資一百三十萬、交川先生三十萬、青山先生與和夫的特瓷課一百萬、西枝先生四十萬還同時以自己的房子抵押借款七百多萬。

一九五九年四月一日，以千年古都為名的京都陶瓷公司正式誕生。

罷工潮

剛從宮木電機倉庫[24]下班的年輕員工及幾位大股東，分別搭車前往東山八阪神社。下車後，沿著神社後方布滿柳樹的幽微巷弄徐行，走進古樸的料亭[25]——菊乃井[26]。寬敞的包廂內，料亭主人早已先備好幾盤開胃小菜及清酒。

最後一道御飯[27]、香物[28]水物[29]上桌後，坐在位首左側的和夫，臉色微紅放下酒杯說道：「今日是京都陶瓷公司創立的第一天。」

「先感謝諸位前輩的鼎力支持。」他跪坐在軟墊上，躬身向前方三位大股東行禮，額頭幾乎快碰到榻榻米。

---

24 1959 年位於京都市中京區西京原町 101 番地。
25 料亭—日式高級餐廳。
26 位於京都東山八阪神社後方，創立於 1912 年，現為日本米其林星級餐廳。
27 鯛茶漬、筍御飯、山葵、木之芽、胡麻…組成。
28 菜種漬、胡麻大根、柴漬…組成。
29 飯後甜點。

坐在位首，背對壁龕的西枝先生連忙扶他起身。

「我們一起努力、一起努力。」西枝先生厚實的手拉住和夫布滿粗繭的掌心。

和夫整了整衣服，正身說道：「承蒙前輩們及各位夥伴看重，願意信任所研發的新技術，甚至賭上自己的身家財產。」說到這和夫向前一伏後，對著大家繼續道：「現在雖借用宮木電機的倉庫創業，但是讓我們以成為原町一帶最大的公司，接著朝西京第一前進……」他喘口氣，端起前方的清酒一飲而盡。

「成為西京第一之後，就是以中京第一為目標，接著就是京都第一，實現京都第一後還要朝著日本第一邁進……最後是世界第一。」和夫握緊雙拳朝天花板高聲呼喊。

「既然要做，目標一定要越大越好，你們說是不是！」和夫激昂的吼道。

大夥兒在此創業晚宴酒酣耳熱之際，彷彿也感染到稻盛和夫的激情，紛紛也跟著大聲喊著：「中京第一、京都第一、日本第一、世界第一！」。

面向簷廊宛如巨大畫框的庭院中，白晝般的路燈斜斜的照在一片翠綠蒼勁的孟宗竹。初春的和風徐徐吹進喧騰的內室，敞著西裝的和夫，強忍激動的淚水，望向天空皎潔的明月。

不成功，便成仁！

「和夫，還不睡嗎？」一雙纖手攀住稻盛和夫寬厚的肩膀。

「明天一早還得上班，都十一點了。」她眨著細長的鳳眼附在和夫耳邊說道。

「朝子，謝謝妳願意陪著我，還記得半年前向妳求婚的那段話嗎？」和夫小心翼翼地將朝子拉向旁邊的椅子。

「你說：『假使所有人都不支持你，我是否還願意陪在身邊助你一臂之力。』」

和夫眼神充滿柔情，他將朝子的纖手包覆在自己粗厚的掌心。

「我要為我們的未來打拼，現在我的能力不足，只能委屈住在這小棟的公寓裡……」

「住在這很好啊！」須永朝子笑笑地打斷丈夫的話，她指了指窗外微泛波光的夜色。「你看這裡的風景多好，三樓的高度剛好看到廣澤池[30]寬闊的湖面。」

30 位於京都府京都市。

和夫寵溺的捏了朝子嬌俏的鼻子問道：「身體覺得如何，頭還會暈？胃口恢復了嗎？明天住在鹿兒島的爸媽要過來，媽媽特別醃了蘿蔔說要讓妳開開胃。小傢伙今天乖嗎？」眼神探向她微隆的小腹。

懷孕三個月又七天的妻子，臉上滿是幸福的光輝。他遵守傳統，超過三個月後才向爸媽及岳父母報喜訊，遠在九州的雙親一聽到自己的媳婦懷孕，高興的顧不得店裡的忙活，急急忙忙要趕上來京都。

朝子的父親[31]是東京大學的農學博士，雖然現在於韓國協助農業重建，目前趕不及回國，但同樣住在京都的岳母三天兩頭來照顧懷孕初期的朝子，讓工作忙碌的和夫放心不少。

「胃口恢復不少，明天的事你不用擔心，好好工作吧！新公司成立想必會有更多的事情要處理，家裡的事你不用擔心，放心上班！」朝子體貼道。

「謝謝妳，朝子……」

---

31 須永長春，本名禹長春，專攻植物種子培育，曾回祖國——韓國，幫忙重建荒廢的農業，被尊稱為「韓國近代農業之父」。

「我們是夫妻嘛！」朝子柔潤的鵝蛋臉滿溢著溫情。

京都陶瓷初成立時的業務來源，幾乎仰賴松下企業大量訂購的「鎂橄欖石陶瓷」——電視專用的高壓絕緣體。由於機械、員工有限，產品又是和夫一年多前研發出來的新技術，為應付每個月大量交貨，全公司加班熬夜超過九點甚至週日上班，都是家常便飯。

連日趕工出貨的炎熱午後，一場突來的大雨讓酷暑降溫不少。

兼任專社長的宮木先生巡查完廠房內部，便協同擔任技術部部長[32]的和夫走出公司。

「我說和夫啊！」

「是，社長。」

「這禮拜別再要求員工加班了。公司的資金還可以承受兩、三年的赤字，更何況我跟西枝一江、交川友也早有共識，大股東這裡不用擔心。經營公司如同跑馬拉松，不能過於著急，

32 相當於我國的部門總經理。

偶爾也要調整步調。我這一個月來聽到近十位員工來向我抱怨，連續工作不得歇息都快撐不住。」宮木男也的白髮在日光照射下顯得稀疏。

宮木男也同時是宮木電機的社長[33]，名義上雖為京都陶瓷社長，但除了例行巡視外鮮少到公司，實際的經營、製造、研發皆由和夫處理。

和夫停下腳步看著長官，緊抿著唇。

「今天的朝日新聞看了嗎？」宮木問道。

和夫點頭。

「日本東京申辦奧運擊敗奧地利、比利時布魯塞爾、阿根廷、美國底特律，已經確定取得一九六四年的主辦權。」宮木的眼睛閃耀著光芒。

「所以社長的意思是，這波熱潮會帶動電視機[34]的銷售量嗎？」

宮木大力點頭並熱切地說道：「半年前的明仁皇太子大婚，民眾為了一睹睽違已久的世紀婚禮，爭先搶購電視，銷售量比以往前三季增加了五～六倍，相對而言製造的零組件也獲

33 相當於我國的總經理。

34 一九五三年電視放送開始，日本國民只要家中擁有電視皆能收看。

利不少。」

「所以我們更需要跟上業界的腳步啊！社長。公司員工內部我來安撫，結果由我全權負責。」

週末傍晚，終於如期交出當月陶瓷組件，全體員工卸下緊繃的神經，正準備回家時，技術部部長和夫宣布緊急集合。

「感謝大家的努力，讓這個月應交給松下的兩萬支影像管專用絕緣零件，能順利於月底前出貨。全國電視機裡幾乎都有京瓷所生產的零件，每個播送出去的影像都有我們的影子、我們辛勤工作的汗水……，這些都變成家家戶戶接收穩定訊息的導體，是件相當偉大的工作。」和夫站在台前語帶激動的說道，目光如炬的在二十幾位年輕員工及夥伴臉上反覆流連。

「在業界我們是新成立不到一年的公司，是整個業界裡最晚起跑的，既然目標京都第一、日本第一，甚至是世界第一，就要努力再努力，至少從起跑點開始，以跑百米的速度，咬緊牙關的全力衝刺。今天盡了全力，自然看到明天，明天也盡全力，自然也就看到下星期。」

日暮斜陽從一米高的通風口穿越進來，照亮半間廠房。

和夫瞇了瞇眼，繼續大聲說道：「這個月竭盡了全力，下個月會更樂觀，今年盡了全力，明年就更有希望，每一個瞬間的努力才是最重要、最可貴的。」台下的員工們聚精會神的聽著，似乎被技術部部長內心的激動給感染，靜默一會後，如波浪般響起了熱烈掌聲。

和夫走下舊木箱搭起的站台，向所有的員工們深深地彎腰鞠躬，汗水從額頭悄悄滴落。

京都陶瓷成立一年後，經過全體員工齊心努力，年度結算營業額高達兩千六百萬日圓，稅後盈餘有三百萬日圓。

依據經濟產業省[35]的統計，一九五九年規模三十人左右的日本企業，共有一萬八千三百九十三間，總資產[36]為三百七十二億三千四百萬日圓，平均每間兩百萬日圓。而一九五八年至一九五九年間總資產增加五十三億四千六百萬日圓，平均每間企業增加二十九萬日圓。

---

35 相當於我國的經濟部。

36 有形固定資產投資總額。

京都陶瓷公司創立時的總資產為一千三百多萬，高出平均值的五倍，但在年度獲利上卻高出平均十倍有餘。

「取締役[37]，這是會計師初步結算出的數字，真是感謝上天、感謝大家……」中午拿到最新年度結算報表的和夫，大步走進辦公室。

「是真的嗎？太好了！太好了！」青山政次從辦公桌後方站起來。

「營業額兩千六百萬啊……稅後盈餘有三百萬。這樣一來若每年都保有穩定的獲利，五年內便能將西枝擔保的一千多萬房產贖回……」青山微抖著手，接過會計師剛謄寫好的報表。

「橋本先生，這陣子辛苦了，數據整理的非常詳盡。」青山壓抑興奮的情緒，抬頭對和夫後方的會計人員道謝。

「代表取締役、技術部部長，關於年度結算報表尚有要說明的地方。」一身筆挺條紋襯衫、西褲的橋本先生，是公司內部少數毋須穿制服的內部人員，他垂著頭面無表情的說道。

37 相當於我國的執行董事、常務董事。

「盈餘三百萬還需扣除股東的分紅，才是公司真正的營收。所以能夠餘下償還過去公司貸款的資金……」他拿出隨身的小型算盤快速撥弄「大約是二十萬日圓。」

青山政次與和夫聽到橋本先生報出的數字，彷彿挨了一記悶棍。

「這樣說來，還需許多年啊……」青山政次有些失望的低聲嘆道。

橋本點頭應和並說道：「代表取締役、技術部部長，若沒有其他的事容我先告退。」畢業於東京大學的三十五歲橋本曾在大財團——舊三菱商事四公司[38]工作，多年前因合併被裁員輾轉到京都陶瓷擔任會計一職，對於資本額及員工數不及過去老東家五十分之一的京都陶瓷，並沒有抱持太多希望。尤其擅長說大話的技術部部長和夫，做事雖一絲不苟，但在聚會酒酣耳熱之際，常將「京都第一、日本第一」掛在嘴邊，在他眼裡簡直是不務實際。

「稻盛部長，松下電器的業務部課長已經抵達。」岡川健一敲了敲半掩的門，尖臉探了進來。

「真是好久不見了，松本君。承蒙貴公司看重，最近訂單數量愈來愈多，我們京都陶瓷

38 三菱商事、不二商事、東京貿易、東西貿易，於一九五四年合併為三菱商事。

目前正加緊趕工中，希望這次也能如期交貨。」和夫看著熟悉的面孔，客氣寒暄。

「和夫，叫我清治就行了，你這樣太見外了。」清治傲慢的揚著劍眉說道，直接省略技術部部長的職稱，他在心裡想：「京都陶瓷整個規模加起來差不多是東京中央研究所的一個分部的部門，若直接叫他職稱真是太便宜他了。」

「我們是老同鄉就不用拐彎抹角，這次親自來拜訪是要來提出幾點要求，對於下一季的訂單，我們松下需要壓低進價，最好能降低約百分之三十七。也就是一萬日圓從一百件，增加至一百六十件。」清治一口氣說完，接過岡川送來的茶，慢慢輕啜幾口。松下電器製造的電視機零組件中，就屬京都陶瓷的絕緣體品質及供貨最為穩定，創業沒多久的小公司就能擁有世界級先進的技術，讓去年從美國松下分公司[39]回國的清治相當訝異。尤其近二十年前的小學同學——和夫竟是該技術的研發人員，更讓他始料未及。不過……這技術其他公司也跟著研發出來，後面排隊搶著供貨報價的廠商至少有三、四家。

「清治……這，沒問題。你儘管放心，那麼在規格上，還有其他要求嗎？」和夫眉毛微

39 於一九五九年九月，在美國成立美國松下電器株式會社，為海外事業擴充的第一步。

微抽動，但仍平靜的問道。

朝日新聞上週五曾報導：通產省長官要求，在東京鐵塔[40]完工前後三年內，電視機的價格要從每台二十萬降到八萬，使之不再是神器[41]，沒想到價格壓力如此快就影響到供貨鏈。

「大致如此，沒有其他的。下週一我會派人將所需產品的規格、數量、出貨進度送來，也請你按照所承諾的價格同時送回報價單。」

朝會後，週五例行的幹部會議上，氣氛十分僵硬。

「你也太輕忽隨便了！我們的利潤也只不過保持在每件二十日圓左右，怎麼可以如此簡單的答應了松下降價的要求。」社長宮木男也惱怒道，好不容易辛苦熬過來的利潤輕易拱手讓人，也不事先與他們商議。

40 東京鐵塔於西元一九五八年十二月完工，

41 西元一九六〇年代，電視機、冰箱、洗衣機，號稱「三大神器」，因為價格昂貴並非一般人買得起的奢侈品。當時的文職人員月薪大約一萬三千元日圓。

「目前的業績來源都是松下的絕緣體訂單，可算是我們公司維持運作的唯一來源，若真的要降低售價，就必須降低製造成本或提高生產技術，讓單位時間的產值提高，不然，以松本經理所提出降價百分之三十七的要求，等同雙手將獲利奉上。」青山政次說道。

「社長的意思是，完全認同技術部部長的做法？」堂園保夫一改過去對和夫的稱呼，直接以職稱替代，似乎壓抑著極大的怒氣，他長長的吐了口氣轉頭面對和夫接著又道：「想當初我們八人在松風宿舍蓋血印發誓『團結一致，成就為世人造福的理想……』要先團結一致，不是嗎？為何不先經過大家開會討論再答覆松下？」

「我想大家先冷靜，聽聽稻盛君的意思。」伊藤謙介推了推寬臉上的金色鏡框，身為堂園保夫大學的好友，最了解他心直口快的性格，趕快打個圓場。

堂園保夫用力抓了自己短硬的頭髮，快速拉張椅子坐下。

所有人圍坐在長形的會議桌旁，和夫臉色沉重的站在股東及幹部們面前深深的鞠躬，停了三十秒後才緩緩起身。

「我了解大家的不安，畢竟我們投注了相當大的心血及努力才讓剛誕生的公司茁壯，請先原諒我當時直率的決定……」

「身為一位技術人員，最大的成就莫過於親手將自己研發的新技術推上量產實用的市場，並為公司帶來利潤。擔任技術部部長的我，相當清楚當初若不是大家出錢出力，看重區區在下……」和夫的聲音有些斷續，他稍微閉眼吸氣後說道：「當時記得岡川、畔川、濱本、堂園……還有伊藤，大家喝酒圍坐在松風的宿舍裡跟我說，即使公司經營不善要到職業介紹所找工作兼差，也要支持我的技術，那時就不斷的告訴自己，為了這份堅定的信任及情誼，必須全力以赴賣命工作，因為沒有退路啊！」

和夫瘦高的身軀頓了一下，狹長的眼睛變得清亮，這時會議室內的空氣彷彿凝結般，只聽到隔牆外悶悶地壓模聲。

「技術是日新月異，若沒有持續創新就會被淘汰。我們的鎂橄欖石陶瓷絕緣體，在業界目前尚不容易被取代，但畢竟松下訂購這產品已持續一年之久……」

和夫對著創業夥伴說出內心的擔憂，客戶壓低進價是必然的，況且政府的態度是要企業主降低電視機的售價，使神器盡快普及。單一物件獲利並不具長久性，在調整同時也要不斷的開發新技術、新客戶……

整整一個下午，和夫像傳教士般將自己對公司的經營理念、現在採取的方法……，滔滔不絕的說著。

自京都陶瓷公司正式營運以來，西枝一江、青山政次、稻盛和夫都不斷為開拓新客戶積極的去拜訪東芝、三菱電機、SONY、日立製造所、日本電信電話公社電氣通信研究所……等各單位開發顯像管、收發電信管、真空管。

數十多個月來，無論酷暑或寒冬都不斷地拜訪新客戶，甚而遠至積滿深雪的富山縣立山山麓，但如此辛苦卻還是一再遭到拒絕；好不容易接獲新訂單，也是其他公司望之卻步的燙手山芋。眼前穩定支撐公司就只有松下電器，所以無論誰聽到松下有風吹草動，都會驚慌失措。

「稻盛君，往後的業務決策你就放手去做吧！」西枝一江垂著臥蠶般的眉說道。

「我們相信你。」青山政次走過去右手緊握住和夫的肩。

一年又一年的熬過去，和夫帶領著全體員工不斷地挑戰極限，將所有爭取到的訂單都當作「未來進行式」執行。沒有應有的模具就立刻採買中古貨、沒有生產技術便絞盡腦汁思考

出辦法，甚至開發出新的途徑超越專門業者，製造出三菱電機的「傳訊管冷卻筒」[42]。

「宵夜烏龍麵來囉！」一聲吆喝，廠房裡的員工全擠到門口。

「這次的麵有請老闆多添點，大家別多拿，分量絕對夠。」負責買麵的人扯著喉嚨大喊並從飯箱端出一碗碗熱騰騰、漾著昆布香氣的麵。

廠外三公尺處的稻田旁，蛙鳴聲此起彼落，除了幾盞昏黃的街燈，再遠處便是漆黑一片。

「九點了，鐵男、森、小川怎麼還在這裡，今晚不是還要上課嗎？」有人問道。

「兩個月前他們就畢業啦！」從松風工業跟著和夫創立公司的濱本昭市，特技似的捧著三碗麵說道，矮短的身材給人穩重的感覺。

「恭喜啊！高中畢業了，跟著大家繼續打拚吧！」管理出貨的堂園保夫大口吃麵跟著說。

「感謝前輩們的提拔，日後還麻煩多多照顧。」大眼炯炯有神的鐵男垂手站立在飯箱旁，穿著同樣卡其色工作服，卻難掩一臉青澀。他等全部的人都拿完後，才端起最後一碗默默走

42 外徑三十公分、內徑二十公分、高六十公分的大型瓷器圓筒。

到員工置物區。

「稻盛君，烏龍麵要趁熱享用……」伊藤謙介拍掉身上的粉塵對著和夫說道。

和夫的眼光停在鐵男結實如熊的背影，問道：「他是去年剛進公司的夜間部高中生，怎麼？」

「他歐～每次宵夜都是帶回家的，聽說為了要省錢。」有人見怪不怪的說。

十點，通亮的廠房暗了一半，伊藤跟著和夫做例行的巡查，檢視明天的備料及機具。

「你先回去吧！我這裡還有最新的美國期刊要整理，必須要著手新的研發試驗。」和夫撐著有些疲憊的眼皮。

「有幾組壓模機的狀況不太穩定，我也要留下測試，免得明天趕工時出現生產斷鏈。」伊藤的圓眼微紅，勉強打起精神道。

一週七天中平均三天留宿公司，在幾位創業股東眼裡早已是稀鬆平常，他們對未來三、五年甚至十年並無任何規劃藍圖，只憑藉著「竭盡力氣過完今天，當下解決任何問題，累積比別人更多努力，未來就在眼前」的信念度過每一天。

◇◇◇

松本清治擠在山本線晨間通勤尖峰的電車中，俊俏英挺的外型引起不少人注目。

在松下電器擔任課長一職的他，五天前就應該返回位於東京的中央研究所，可是和夫的轉變著實令他詫異，令他在拜訪完附近的島津製造所後，好奇的多停留了幾天。

隔壁兩名乘客對話引起了他的興趣，尤其身上熟悉的制服樣式。

「森，明天你可以先借我五千塊嗎？」

「怎麼了？錢又不夠啊！看你只要留下加班，宵夜都帶回家當早餐，也未免太拮据。」

「其實我高中沒畢業就已經結婚了，因為林子懷孕了！」說話的男人嘆了口氣，松本注意到他壯碩的體格及炯亮的眼神。

「鐵男君，沒想到你負擔如此沉重，唉……我也沒比你好到哪去，每個月扣掉寄回老家的錢後，剩不到一萬……」

「你們是京都陶瓷的員工嗎？」松本堆滿笑容客氣的問道。

鐵男、森兩人警戒的看著向他們搭訕的陌生男子，但他筆挺的西裝及身上書卷的氣息讓他們放鬆下來。

「我是貴公司的客戶之一，先前曾去拜訪所以認得出你們。」松本指的是京都陶瓷的員工制服，他順勢遞出張名片。

「一間正常的公司，每年都應該會有固定的調薪及年終獎金。」松本的嘴角漾出好看的弧線「若沒有也可以好好的爭取，你們年輕又充滿活力，或許考慮來本公司也是多一個選擇。」說完電車剛好到站，松本提起公事包揮手致意後瀟灑下車。他幾乎可以預知和夫日後會遇到甚麼難題。

時序進入到四月，鴨川旁的櫻花盛開，春光下波光粼粼映照著岸邊滿滿深淺交織的粉紅，美到令人屏息。

上班途中，和夫還沉浸在昨天與老婆朝子及一歲半大的女兒，一同到鴨川遊玩的情景。半年多來忙碌的工作讓他無法好好陪伴家人，上週六交出三月出貨，新客戶也在順利洽談合作中。心情放鬆之餘，昨天第一次帶著全家人出遊，也算是慰勞自己。

「外面十幾位員工聚集在辦公室外，要求跟技術部部長談話。」橋本先生捧著帳冊，在門旁探頭說道。

和夫坐在測試儀器後方，點頭示意一行人到隔壁會議桌。

「請部長收下。」帶頭個頭最壯的員工雙手平舉彎腰，將白色信封遞至和夫面前。和夫當場將書信拆開，臉色越來越凝重。

公司二十八名員工中，將近一半提出如此要求……這叫公司如何正常經營下去。

「鐵男，你在公司也有一年多的時間吧！」和夫對著帶頭的員工說道。

「還請部長答應我們的請求。」鐵男沒有回答和夫，炯亮的眼睛直視著他。

「好！我們好好談談。」

和夫停下手邊研究進度，請不相關的人員暫先離開辦公室，專注與十一位員工協談。

過了晚上七點，辦公室的門還沒打開，透過玻璃窗仍可看到他們講話時激動的手勢。

廠房內的大燈僅剩門口亮著，其他人都已陸續下班回家。和夫眼看在公司談不出什麼結果，便將十一位遞交「要求書」的年輕員工帶回嵯峨野廣澤池旁的住所。

十一個年輕員工與和夫圍坐在五坪大的客廳中，茶几上擺放著朝子鮮切好的水果、點心及沖好的抹茶。

敞開的窗戶對著廣澤池，空氣中卻瀰漫悶熱的氣息。

「請保證每年的加薪比例和多少月份的年終獎金，否則我們辭職。」鐵男堅持著。

「約定明年加薪比例多少，口說容易，但若不能實現就如同欺騙，如此輕率的決定不是我的作風。」和夫懇切的說道。

「部長您表達的誠意我們感受得到，可是按照年資加薪本來就是勞工應有的福利，況且工作一年多，年底的年終獎金也沒有下落。」年齡最小的森有點動搖。

「我跟股東們何嘗不希望公司獲利，如期調整薪水、發放獎金，但也請你們體諒目前公司還是草創階段，一切都在建立中。你們從在校生階段就沒日沒夜地跟著加班，幾乎沒有休息時間……這些付出我都看在眼裡。」

「若知道我們的付出，也請部長依照慣例答應每年的加薪比例。」鐵男不待和夫說完，睜著微帶血絲的大眼，沙啞地低吼道。語畢便在眾人驚詫目光中告辭離去。

談判宣告破局。

清晨，落英繽紛。

春初的氣溫仍偏低濕冷，天空慢慢飄下細雪。

京都四條通東端的八坂神社，不見平時如織的遊客，只有幾名師父清掃著剛落下的花瓣。

整夜未眠的和夫，搭上頭班電車往董事西枝先生[43]位於神社後方的住所，卻撲了個空。西枝的家人告知，西枝先生上班前都有在神社內參禪靜思的習慣。

和夫束高大衣的衣領，快步走上石階穿過紅色的西塔門。

「早啊！稻盛君。」走進偏殿就聽到西枝先生健朗的聲音，彷彿預知和夫會到訪一般。

西枝先生鄉下學者的敦厚外表，散發著不同於公司內的親和力，身旁坐著位身穿赤袈裟，瘦高眉骨微凸年約四十的師父，讓和夫想到過去松風工業旁潤福寺的長眉老師父。

「向你介紹一下，這位是西片擔雪師父。」西枝向和夫說道。

西片師父雙目低垂，沉靜地對著和夫雙手合十，口稱南無後默默離席。

「昨天員工事件沒有獲得解決嗎？」盤腿而坐的西枝看出和夫的煩惱。

---

43 京都陶瓷的創始大股東---職務為常務董事。

「唉……」和夫嘆了口氣，搖搖頭說道：「尤其是帶頭的鐵男，根本是無法溝通。」他將昨晚十一名年輕員工從公司商談到嵯峨野家中的事敘述一遍。

西枝沒有立刻回話，抬頭望著神殿外傘蓋如蔭的巨大檀木群。窗外朝陽輕灑在黑瓦，薄雪很快的消融。

「西片師父剛與我談論到精進與同體心。」西枝沒有直接回答問題。

「我們京都陶瓷業績進展的飛快，出乎大家的意料。稻盛君是功不可沒啊！但是，員工們畢竟是仰賴公司生存的，在認真付出後，必會要求回報，這是人的本能。本能必須用同體心[44]去體諒……也就是誠意、正念的導引。」

「誠意正念。」和夫重複這句話，眉頭漸漸舒展。

渾厚的鐘聲從正殿後方響起，驚飛幾隻棲息在窗邊的麻雀。

「心煩時多到神社走走，或者靜下心跟著師父打坐也無妨。唯有『定』才能有般若智慧解開煩惱。時候不早，你快回公司，我還要多留一會。」西枝一江無框鏡片後的眼睛似笑非

44 宇宙萬物本自一體。

笑，繼續說道：「他們堅持離職也就放手吧！強摘的果實不甜，擔心太多員工離職造成虧損，不用太憂慮我們，資金還挺得住，如果希望他們繼續為公司打拼，好好想想再跟他們溝通。」西枝先生完全不擔心公司繳不出貸款，自己唯一的房產將遭到拍賣的事，因為他信任和夫、相信他創新的技術及未來的市場需求、相信他的赤誠及努力。

隔天，和夫繼續與十一名遞交「要求書」的員工懇談了三天三夜。內容無所不包，從他們的生長背景、求學過程、家庭狀況、對公司的期望，還有和夫當初進入前公司直到創業的心路歷程，全都坦承公開毫無保留。

二十九歲的和夫第一次體認到自己身上的擔子，是多麼的沉重。原以為只是呼應朋友對他期待——「讓技術問世」單純的成立公司，沒想到還肩負著員工未來的人生。

這些堅決要求加薪的年輕員工，漸漸被和夫的誠意所感動。

「我是一個重信諾的人，做不到的事不會因為要安撫你們，而信口開河的胡亂答應。有勇氣辭職，何不也拿出勇氣當作被我騙一次，留下來吧！」

「勇氣……」年齡最小的森吶吶的說道，旁邊的鐵男瞪了他一眼。

森想到往常加班時的宵夜烏龍麵，技術部部長總是等到每個人都吃飽後才默默拿起筷子的身影。

「好！我願意相信部長這次，留下來繼續為公司打拼。」森向和夫彎腰鞠躬，說完便頭也不回地離去。

小川和其他人見狀，也紛紛表示願意撤回請求書，相信公司將來日益茁壯後，必定會給他們更好的保障及福利，跟著一個個告辭。

鐵男冷著臉不發一語，最後只剩他一個人遠遠坐在和夫面前。

十度左右的低溫，鐵男氣血攻心熱的渾身冒汗，上衣幾乎透濕了一半。

「無論您說什麼好聽的話，我是絕對不會撤銷要求書。」鐵男用盡氣力一字一句清楚說道，他沒想到當初一同蓋血印的同伴們，竟然都被油腔滑調的部長說服。腦海浮現林子及尚在強褓中的女兒無邪的臉蛋；戶頭僅剩兩千三百元日圓，還是向森借來應急的。今天若不答應要求的條件，明天立刻辭職，轉投制度好福利佳的松下電器。離開時也一併說服其他人到松下工作，一間沒辦法確定給予員工未來保障的公司，待在這裡就是浪費生命。

和夫專注看著他，內心不斷地翻騰。

「我是絕對不會背叛自己的員工，公司若成長獲利，增加營收的部分必定會回饋到你們身上，我如果做出背叛你的事……」和夫突然起身跪坐在鐵男跟前，兩眼牢牢盯著他「你……大可殺了我。」

「部長……你……」鐵男原本僵直的背膀垂了下來「我………」他低頭不敢直視和夫，大顆淚水簌簌地掉落。

「我……願意追隨部長您，繼續跟著公司奮鬥下去。」鐵男哽咽道，熊般壯碩的身軀不斷顫抖。

送走鐵男，和夫站在公寓大門前仰頭看著雲霧半掩的新月，夜裡涼風夾帶湖水的氣味撲面而來。

和夫的心情異常沉重，公司雖小，年輕員工卻把將來寄託在自己身上；鹿兒島老家的家人們至今都還居住在郊區租賃的小房子中，妹妹綾子的親事因為嫁妝的緣故，一再拖延，自己連老家的親人都照顧不好，卻要照顧員工們的一生，是不是當初創業太過莽撞了呢？

站在外面許久，和夫才疲憊的回家，問題不斷縈繞在腦海裡，直到天空亮出魚肚白，混亂的思維突然豁然開朗。

他在書桌前攤開記滿工作須知的筆記本，慢慢寫下：

追求全體員工物質與精神兩面的幸福。

略為沉思，又提筆繼續寫下：

對人類的進步發展，做出貢獻。

又將書封內一張泛黃的紙拿了出來，這是他成立公司時父母親北上京都探望時，父親瞅市偷偷塞給他的，跟他說這是奇蹟的證據，上頭蒼勁的字跡寫著「唯有靠病人的求生意志」。那是一張十多年前未發出的病危通知書，當年由松本醫師轉交給父親。

對父親而言，當年他戰勝結核病順利活下來，是個奇蹟；赤手空拳成立精密陶瓷公司也是奇蹟；現在為了要守護員工的幸福更要創造奇蹟。

嬰兒床內原本熟睡的女兒津子，翻了個身，和夫輕輕走去抱起剛清醒的女兒，廚房傳來朝子煮飯切菜的聲響。

若為了滿足自己研究慾望而經營公司，即使獲得成功，也是犧牲員工所獲得的結果。公司更重要的目的，最基本的是必須保護員工與其家人的生活，並以員工們的幸福為目標。

和夫內心滿溢著前所未有的充實，看著遠端墨綠色山陵漸漸被後方初起的朝陽融成一片金黃。

THREE-1

危機即是轉機，世界第一

KAZUO INAMORI

危機的到來

港區芝公園熱鬧街頭，三百三十三公尺簇新的東京鐵塔[1]高聳入雲，紅白相間的瞭望台下聚集著興奮的遊客。

下午兩點，濱本昭市準時走入川崎製鐵公司的東京辦事處。五天前早已拜訪過並留下樣品及公司簡介供製鐵公司參考，希望今天拜會能夠順利。

矮壯的濱本坐在川崎製鐵的會客椅上，來來往往的人很多，時間一分一秒過去。

「請問是京都陶瓷公司的業務專員嗎？」五官清晰的年輕秘書蹬著高跟鞋喀噔喀噔走來。

「很抱歉，我們高層認為貴公司的產品技術非常精良，價格也公道但合作時間可能要延後至明年，才有洽談的可能。」年輕秘書欠身說道，同時交回陶瓷樣品。

「可否冒昧請問貴公司的精密陶瓷訂單，都是與哪間公司接洽呢？」濱本忍不住問道。

1 於一九五七年完工的日本電波塔，仿造巴黎艾菲爾鐵塔建造。

接連被古河電器、新瀉鐵公所、荏原製造所拒絕，現在竟連松下電器介紹的川崎也拒絕他們，真是吞不下這口氣。

「這部分並不對外公開，我們只能透露製鐵機具的精密設備，目前都由美國廠商供貨的。」年輕女秘書語調帶點大公司的神氣。

走出七層樓高的川崎製鐵大樓，濱本仰望著晴空下閃耀紅色光輝的東京鐵塔，麥芽色的橢圓長臉，浮著一層薄汗。

「部長，我們該怎麼辦，東京辦事處成立半年多，至今仍無法拿到一張訂單。這禮拜馬不停蹄的拜訪……還有……松下電器引薦的製鐵公司，樣本、說明書送過去了，卻連採購部的人都見不到。」回到位於神谷町的京都陶瓷辦事處，濱本還沒將外套脫下立刻打電話給京都的總公司。

電話另一頭的稻盛和夫聽到東京傳來的消息陷入沉默，濱本還以為是接線出了問題，正要掛下電話時……

「濱本君，你繼續按照原定計畫執行，我明天會親自到東京了解。」

一九六二年底的世界奧林匹克運動會帶動日本一連串的經濟建設。東海道新幹線開通──日本第一條高速鐵路及亞洲第一條首都高速道路也正式啟動，日本經濟正蓬勃發展。

◊◊◊

高大的和夫縮坐在專為高速鐵路車廂設計的絨布椅上，看著朝日新聞頭版報導。

「美國技術引進……。」和夫拉近報紙更仔細的反覆閱讀，皺縮的眉頭突然舒展開來，連忙拿出隨身筆記本寫下幾行字，他想到昨天在電話中清本昭市跟他提過，東京的製造業絕大部分的重要精密零件似乎都來自美國。

趕往東京都港區辦事處的和夫，一路不斷的反思自己在業務推廣上到底哪裡出了問題？產品技術上，他有相當大的信心。先前還在松風工業尚無先進儀器時，憑藉著衝勁和執著，成為世界第二個成功開發出鎂橄欖石合成陶瓷材料的公司，僅次於美國奇異公司[2]。和夫認為精密陶瓷在未來應用上，由於它的耐高溫、硬度及穩定性，具有相當大的潛力。可是為何銷售卻遲遲無所進展呢？

2 奇異公司 General Electric Company，美國大型電機製造商。

狹窄的辦事處，聘僱的兩名當地業務都在外面拜訪客戶，三張併靠的辦公桌擺滿各種精密陶瓷樣品，落地窗旁貼著日本本洲及東京都的特製地圖，臉上布滿鬍渣的濱本仰頭看著地圖大大小小的紅圈不知道在思考些什麼。

「部長您來啦！」聽到和夫推開大門的聲響，濱本昭市連忙回過神，將凌亂的桌面清理出空位。

「原本拒絕我們的古河電器的技術部門，早上打電話來說希望公司派人下午過去一趟。好像是供貨的陶瓷零件廠做不出預定樣式。」濱本的語帶沙啞道。一直接不到訂單的東京辦事處，雖然每個月支出的租金、水電不多，但沉重的人事成本壓力卻讓他幾乎透不過氣。尤其濕冷的天氣，讓他支氣管的毛病三天兩頭的發作。

「那麼濱本君，你將最近對外拜訪的報告先整理過來，然後趕快去收集下午古河電器生產業務種類，這樣較容易增加拿到訂單的機率。」和夫目光在濱本憔悴的臉上停留「先回宿舍將鬍子刮乾淨，睡個半小時再回來公司，現在時間還早。記得！工作重要但也別將身體弄壞。」

「部長……沒關係，我……咳咳…」濱本昭市突然一陣劇咳。

「快回去宿舍休息，若沒有健康的身體怎麼打拼。」和夫嚴肅的說。

翻開厚厚一疊的資料夾，裡面詳盡列出東京都，所有可能採用精密陶瓷的製造業廠商。和夫按照牆壁上的大地圖，由近至遠依序找出已經拜訪過的地方，並對照該公司主要生產的品項。三小時後濱本一身清爽的從宿舍趕回來時，和夫已經研究完這半年來的所有資訊。

「超過五十間公司，平均每間幾乎都洽談兩次以上，若到現在都沒一張訂單，不是嫌我們公司小、沒規模，就是太看重國外技術……還有古河電器的會報，我會陪同。他們公司上次的紀錄，出發前給我看一下。」和夫連珠炮似的說道。

京都陶瓷成立四年多，和夫也看了很多拒絕他們的大公司臉孔，說穿了只是用員工數量、工廠大小、公司規模來衡量公司的實力；其實京都陶瓷在技術上絲毫不遜色於其他國際上的大公司。

現在的和夫比過去多一份穩重幹練的氣息，向旁梳攏的瀏海露出寬闊額頭，原本瘦削的長臉豐潤不少，只不過為了操煩公司的大小瑣事，眉宇間常常深鎖不展。

「比較有機會拿到的訂單種類，應該是運用於高壓電纜上的絕緣體，據我側面了解，古河電器在絕緣體上要求非常講究。」濱本從抽屜拿出牛皮紙袋，遞給和夫。

「中午了，先去好好吃飯吧！」和夫並沒有馬上拆開，直接放進隨身公事包裡。

◇◇◇

結束古河電器公司的會談，和夫、濱本走在剛下過驟雨的潮濕地面，烏雲密布的天空不時出現閃電。兩人一前一後，沒有半句交談。

「既然來到千代田，我想去皇居附近繞繞，你先回公司吧！」和夫停下來對後面的濱本說道。

濱本麥芽色的臉失去最後一點光彩，整個人顯得頹喪。濱本非常懊悔沒將稻盛經理強留在公司，讓他跟著到古河電器進行會報……看到古河技術部嘲諷的嘴臉。想到這他不禁嘆了口氣。

「沒有時間懊惱，唯有不斷地找出方法解決問題，才是最根本的。」和夫穩住自己的情緒說道。

被連續兩次拒絕，雖然不是少見，但對方囂張的氣焰差點讓和夫當場破口大罵，尤其當古河的採購主管說「整個業界誰不知道京都陶瓷是專揀別人不要的案子」這句話時，和夫的指甲早已深陷在掌心，恨不得一拳揮過去。

所以他必須去找地方靜一靜。

日比谷公園春櫻盛開，中央鶴之噴泉的泉眼，嘩啦啦奔流不息地湧出泉水，和夫閉眼感受噴泉源源不絕的活力。瀰漫水霧的空氣帶著濕潤清涼的氣息，倒映在池水中一簇簇粉嫩的櫻花，天鏡一色令人虛實莫辨。

默默無名的京都陶瓷，要如何打入京市場呢？只要能在這裡佔有一席之地，就等同在業界站穩腳步。和夫望著漸漸昏暗的天色，內心突然感到一股淒涼。

半年來的業務訪查報告，每間拒絕的公司不約而同提到「引進美國技術」，是最讓和夫不甘心的。近七年來，自己不斷在開研發新技術，尋找更穩定耐熱的合成原料、不惜購買昂貴的外國期刊論文甚至用盡辦法借閱……如此全心投入……況且創新的鎂橄欖石合成，也只晚最先開發的美國奇異公司半年……

掩映在松柏後方，綠瓦白牆莊嚴的皇居點亮燈火，伴隨著明亮街燈，周遭景色變得鮮明。

和夫被這莊重的氛圍感染，不禁斂眉凝思。腦海中浮出潤福寺長眉老師父，在他辭去松風工業的工作時，送他的臨濟宗四種情境——

第一種：奪人不奪境

在所處的環境中，當個人感到無法適應時，應調整個人對境的認知，原來一切境都是暫存的假象，就能放下個人的執著。

第二種：奪境不奪人

外界突如其來的改變已熟悉的環境，但是心依然篤定不受牽動。

第三種：人境具奪

一時之間所有人事物皆粉碎，生命中一無所有，人生沒有依歸。

第三種：人境具不奪

當所處的環境發生變化，內心無所適從時，此刻我們應該同時觀察外在環境與內心的變化，都是生滅虛幻無常的，放一切執著。

長眉老師父當時還刻意提點和夫——眼、耳、鼻、舌、身，五識作用下產生的分別「意」，是一切怒、喜、思、悲、恐驚的依附。煩惱、憂懼、悲傷、喜樂皆是「意」識所生；情緒妄念因之而生，同時也障蔽智慧的顯現。

「奪境不奪人嗎？」和夫自喃著。

轉換情境……若無法進入封閉的國內市場，何不轉換環境到講究公平競爭的美國市場，若能讓美國企業肯定京都陶瓷的產品，未來勢必在國內市場會引起旋風、競相採用。

世田谷區豪宅林立的成城[3]，松本清治開著第一代的福特 Mustang 停在新造的西班牙式豪華住宅前。

晚上八點，住宅區的巷道空無蕩蕩，只有幾個夜歸的人經過。

清治的太太雅子，站在門口玄關磚紅色的大門前，木製小吊燈照著她樸實的臉。

「您回來了，辛苦了。」雅子接過清治的公事包，她一身青瓷色的結城和服，平板的臉上有一雙慧詰的眼睛。

「爸爸今天有打來嗎？」清治邊脫下深色的長條紋西裝外套問道。

---

3 日本豪宅地區，位於成城學園前。「第一種低層居住專用地區」，嚴格規定建物限高，高過一定規模的商店也不能在此營業。

「有，他說這禮拜天要跟三金會[4]的會長吃飯，要你先準備。」

「餐桌的宵夜先收起來吧！剛在祇園與行銷部的部長吃過飯……」清治看著太太欲言又止。雅子的父親是松下電器的製造部門的專務[5]，也是跟著松下大老闆開創公司的元老之一，當初是看上這層關係才拼命追求相貌平庸的雅子。而她擁有的優點也是清治難以忍受的缺點──樂善助人。在清治眼裡社會是「成者為王，敗者為寇」的地方，想達到成功的地位，就是要踩著別人的屍體前進。但雅子背後家世是他闖蕩的後盾，只好隱藏自己，維持好好先生的模樣。

「還有技術部的採購組野元課長，三小時前打電話來找你。」忙著整理外套的雅子沒有注意到清治的神情。

鈴～～鈴鈴～

客廳裡的電話響起，清治快步走過去。

「請問是松本公館嗎？請問您是松本君……？」電話那頭尖細的嗓音似乎有點急躁。

4 日本財閥系集團。

5 相當於我國的執行董事、董事總經理。

「是，我是。」

「松本部長，我是野元。」尖細的聲音突然沉下來「三共、古河、川崎那邊的採購部及技術部門都處理好了……」

「嗯～是這樣啊！很好進行蠻順利的，日後還請你多幫忙，品質一定要控管好。」清治朝雅子的方向瞄了一眼，正色說道。他向來只跟對懂得給好處的公司合作，松下電器是國際級的公司，縱使要求完美近乎嚴苛，但國內眾多廠商總是爭先與松下接洽。

品質是「供貨廠商」的暗語，不是製造品。

清治又交代了幾句才掛下電話。腦海中浮現和夫那張挫敗落魄的臉，嘴角不自覺的泛出一抹冷笑。

西京町宮木電機公司一樓的空地門口，停了幾輛私人汽車，與車門貼有京都陶瓷公司的小型貨車並排，顯得有些擁擠。

目前關西地區大約有十幾間製造商，採用京都陶瓷所生產的零組件，可是關東地區市場在業務人員不斷奔走之下，卻遲遲無法拓展。

兩百公尺遠的田埂旁，有輛汽車疾駛而來，俐落的停在棚架下。

臉上帶著寬邊眼鏡的男人匆匆下車，直奔京都陶瓷公司的辦公室。

省去敲門的動作，他直接推開內門，裡頭的職員被突如其來的人嚇了一跳。

「仲介小林～來的那麼早。」伊藤謙介從文件堆中抬起寬臉。

「稻盛部長呢？滋賀縣蒲生町在招攬廠商設廠進駐，我想那塊地稻盛部長應該會滿意，趁還消息還沒真正釋放出去前，快去看一看，免得又被人捷足先登了！」仲介小林急忙說道。

「稻盛部長正帶三菱電機伊丹製造所的技術人員參觀工廠。」伊藤低頭看了腕表「還要再半小時。」

交談聲混雜著機器此起彼落的運轉雜音，隨著門開啟而清晰。

「再三拜託了，冷凝管的量產迫在眉睫。然後部長您剛說的儀器借用方面也請放心，我會連絡相關部門，你們可以於傍晚六點後使用。」圓胖的三菱電機人員客氣說道。

「貴公司慷慨借出珍貴的分析儀器，真是萬分的感謝……再怎麼複雜的設計是難不倒我們的，一定如期交貨請放心。」和夫脫下工作帽欠身說道。

因為訪客在旁，和夫只好請橋本先生代為送客。

仲介小林與和夫坐在邊角有點磨損的沙發，仲介小林將產業規劃書放在桌上，很快的解釋位於滋賀縣原軍事用的丘陵地。

「部長，您三個月前委託尋找的空地，相信這裡的空間綽綽有餘。」小林探出身子道。

「好，就這麼辦。我們馬上去看。」

疾駛在公路，巍峨莊嚴的比叡山逐漸消失在後方的地平線上。經過草津市、湖南市……駕著公司第一台速陸霸三六零的和夫，三個多小時的車程後，抵達滋賀縣蒲生町。

仲介小林精神奕奕的帶著和夫，爬上高處俯視宛若原野般的土地。他滔滔不絕向和夫解釋，這塊原本是軍方用來練習射擊的丘陵地，不僅距離八日市出入口的預定地很近，重要的北側計劃名神高速公路也將通過，七千八百多坪的空地作為廠區預定地是再適當也不過。

站在無際的原野，和夫望著這一大片棕色土地，眼前彷彿浮現出一棟棟廠房整齊並列的模樣，他內心湧上莫名的感動。

◇◇◇

京都 八幡神社，禪房內。

西枝一江面朝內壁閉目盤腿，擺滿佛經的矮桌前，穿著丈青色普段的和夫跪坐一旁專注的讀著經書。

朝陽升起，日光驀然從方格窗中照入，形成一道道光束。

和夫為了是否前往美國擴展業務的事情，與高層幹部、大股東們在會議上討論不下數十次，總是無法下定論。西枝先生為律師出身，看過不少世面，和夫決定好好來請教西枝先生的意見。

「既然是要追求全體員工物質與精神上兩面的幸福，就該不畏艱難的堅持。」西枝先生沉思許久而後睜開眼說道，清澈沉穩的聲音迴盪在早晨寂靜的禪房。

「現在公司的獲利營收不錯，就更該去試試，踏出國門看看不一樣的世界」西枝先生話鋒一轉，問道：「關東地區的業務推展仍是停滯不前嗎？」

「是的。」和夫面色有些凝重。「上週到東京視察，情況仍不太樂觀。」他描述拜會古河電器的窘境，還有外派到東京的濱本因為壓力造成宿疾發作。

「製造技術方面，關東大多仰賴美國的技術引進，對於國內自行研發的精密陶瓷產品，若沒有大公司背書很難被市場接受。」和夫嘆了口氣。

深夜急雨，將外頭環繞的檜木群洗的一片碧綠，未乾的晨露噗咚噗咚的滴落在屋簷。

西片擔雪師父從外拉開了紙門，斂下眉眼口稱「南無」後端進茶具，坐在中央的暖桌旁開始沏茶。

「西片擔雪大師還是俗家身份時，曾跟我在同一間律師事務所工作，我們交情相當深厚，大師在俗世打滾多年又精研佛法。稻盛君若你有煩惱的事情也不妨向大師傾訴。」西枝先生說道。

「南無、南無，感恩。不敢當、不敢當……看來兩位居士尚在討論重要大事，茶已經沖好請慢慢享用，貧僧先離席了。」身形瘦長的西片擔雪大師，俐落的起身推門離開。

「南無、南無，感恩。」和夫與西枝先生直起上身雙手合十。

「放膽去做吧，將我們先進優良的產品推展到國外，我支持你。如此一來，只要美國公司採用京都陶瓷的零組件、技術之後，國內市場勢必能迅速開展。美國既然聚集世界一流的技術，我們深信自己也是技術第一，就更該到美國闖蕩一番。」

飛機高度不斷下降，紐約街頭紅、黃、綠、藍五彩閃爍的燈光越來越近，周遭更充斥著陌生的語言交談。

稻盛和夫睜大眼睛俯瞰窗外水藍色標示燈的機場，彷彿看到十六小時前羽田機場裡，風塵僕僕為他送機的夥伴們，一張張殷切期盼的臉。

思緒被機輪著地的強烈震動打斷，飛機在全世界最大的紐約艾迪威爾機場[6]降落，身上帶著全公司努力籌措的一百萬日幣[7]的和夫，準備在紐約停留一個月進行業務拜訪。

辦理完通關手續走進高挑寬敞的機場大廳，和夫看到柱子下拿著半人高「歡迎京都陶瓷稻盛部長」白色看板的代理公司人員。緊張到手心冒汗的和夫順了順梳理已經整齊的頭髮，快速走近。

一米八身高的和夫在國內是相當醒目，但到了美國卻變得一般，快速又不同腔調的英語

6 現在更名為甘迺迪機場。
7 一九六二年當時匯率為一美元兌換三百六十日圓。

流竄，有種莫名的壓迫感，和夫不禁深深吸了口氣。

「您好，我是來自日本京都陶瓷公司的稻盛和夫。」和夫向前表明身分。

深邃五官的代理公司人員客氣對和夫寒暄幾句後，便領著他搭車前往下榻的臨時住所——第八大道五十街的短期出租公寓。

深夜十點，夜色中的高速公路宛如大河般寬敞，代理公司的黑色福特轎車如箭飛馳。不計其數的車輛、建設完善的高速公路、燈光森林般奪目的摩天大樓群，都遠超出和夫的想像。

略懂幾句英語會話的和夫，真正踏上美國當地才發覺自己連基本的生活應對都有問題，幾乎只能待在代理公司被動的等待安排。

代理公司位於第五大道第五十街，只要徒步就可以到達。

每天一大早還沒到上班時間，和夫就站在電梯口耐著紐約夏天的酷熱，等待職員進辦公室，然後坐在會客室角落等待拜訪的機會，一直待到深夜時分大樓鐵門拉下。

七月初從日本出發前，青山取締役、宮木社長好不容易透過關係，找到美國專門代理日本公司洽商的中間公司，還預付了一大筆錢……若不是英語不通，自己早就到處拜訪去了。距離回國剩不到半個月，日子一天一天的迫近，內心焦急如熱鍋上的螞蟻。

「稻盛君，明天下午已安排到幾間精密陶瓷製造商，請稍事準備。」之前接機的美國日僑寺田，用一口不太流利的大阪腔日文，對著久坐在會客室的和夫說道。

「您這幾天沒有其他行程安排嗎？」寺田問道。

「什麼其他行程？」和夫扯高音量語帶火氣。拜訪行程不是都委託你們嗎？一連十天對他都不聞不問的代理公司，竟也問起無關痛癢的問題。

揚起眉頭正想開口質問時，眼睛餘光突然被寺田手中的科學雜誌吸引。

「請問這本雜誌是知名的《Electronics》……」和夫倏然轉變語調問道。

「沒錯……」寺田有點訝異，同時將雜誌替遞給前一刻差點變臉的和夫。「若想看儘管拿去，這是公司訂閱的專業期刊，記得歸還就好。」

「真是太感謝了，明天的拜訪行程就再麻煩貴公司。」現在的和夫只想趕快坐下翻閱國內極其罕見的精密陶瓷界「聖經」。

紐約街頭充斥著各種不同膚色的人，尖銳的警車鳴笛聲、步伐快速表情淡漠的人們、密

密麻麻的建築物，彷彿在提醒和夫這裡是世界首屈一指的繁華重鎮。

「你來的正是時候，七、八月份紐約的氣溫幾乎和日本差不多。」寺田帶著雷鵬墨鏡握著方向盤，呼吸著窗外的空氣說：「美國都會區中，一般日本商人最喜歡來紐約洽商，因為這裡的古根漢博物館、洛克斐勒中心、帝國中大廈，都是美國文化繁榮的象徵，可以在出差辦公之餘順道觀光。」寺田是珍珠港事件前早期移民的第三代，除了大阪腔的日語外，根本就是道道地地的美國人。

和夫坐在副駕駛的位子上，狀似認真的與寺田談話，但滿腦子仍在思考前面兩間香港及緬因州的陶瓷廠商提問，以及待會該如何改變介紹方式讓歐洲駐美製造商更了解新一代絕緣體的優勢。

「觀光嗎？這倒是不敢想……對了，待會是歐洲的哪間廠商？」和夫問道。

「奧地利的電纜公司。」寺田想了一會才說。

寺田在第十一大道上迴轉後，順暢進入巷弄內停放。

幾位棕髮碧眼的維也納公司技術代表，吃驚的看著桌上純白無瑕又極度精巧的陶瓷零件。

「你們可以傳授製造加工技術嗎？」（英語）如橄欖球選手般魁梧的奧地利駐美廠商代表問道。

「目前公司策略是製造出口至貴公司，技術傳授方面比較困難。」（日語）和夫透過寺田的翻譯告訴廠商代表。

問話的外國人了解和夫的意思後，向旁邊兩位同伴用德語迅速交談，旋即客氣的說：

「容我們回奧地利總公司回報後再做最後決定。」（英語）

和夫從他們的態度很明顯感受到拒絕的意思，本來想說的話全都吞在肚子裡。

匆匆離開奧地利電纜公司後，趕往最後拜訪的香港微電公司紐約辦事處時，和夫變得沉默。

一個月了，歸國期限迫在眉睫，至今還沒有具體成果，該如何回去面對殷切期盼的夥伴們……

和夫內心非常的自責懊惱。

停留在紐約代理公司的時間很快到了尾聲，臨行前代理公司為和夫辦了餞行晚會，席間其他美國職員莫不對和夫敬業的精神感到佩服。

「到今日為止，很多日本人來美國出差，但從沒一個像稻盛先生這麼認真，每天都到公司堅守崗位。大多數都是象徵工作一下，然後就想著要去哪觀光。我們應該向稻盛先生多多學習。」寺田代表全體代理公司人員說道，一旁的女職員們不斷的點頭。

「別這麼說，我才是要向你們學習……我用公司寶貴的經費來到美國，半點時間也不敢鬆懈的拼命工作，希望能儘快回到公司。原本預計這次會得到協助使工作更加順利……但總算所有預定行程都結束了，再次感謝大家的幫忙。」和夫深深的鞠躬。

抱怨的話語只會製造不必要的對立。自從年幼時體會心相的奧秘、二十歲出頭因轉念埋頭工作而開發出世界第二的陶瓷技術時，和夫早已習慣用正面積極來看待周遭所有事物。

只要是以正念堅持下去，不怕沒有辦不到的事。

◊◊◊

一九六〇年代中期，電晶體被大量運用於電視、收音機等電器產品的核心部位。

京都陶瓷公司創業的五年後努力跟上世界的腳步，成功開發出因應這些產品的零組件，並從一九六四年底開始，在稻盛和夫及精通英語的上西先生領軍開拓歐美市場下，順利拿下香港微電公司、美國快捷半導體公司運用於電晶體的精密瓷珠訂單。

同期，位於滋賀縣的工廠也陸續建設完成。

岡川健一小心翼翼的從紙箱裡拿出包裹嚴密的書匾，謹慎拆封後掛在辦公桌後方的牆上。

泛黃的絹紙，蒼勁筆挺的斗大墨跡寫著。

敬天愛人[8]

「岡川君還讓你抽空幫忙整理辦公室，真是麻煩你了。」剛走進來的和夫挽起袖子，將擺滿地面的箱子一個個拆封。

岡川掛好書匾後退幾步，想看擺放的位置是否得當……

和夫悶哼了一聲。

「部長……對不起，您沒事吧？」

「沒事……」蹲在地上的和夫被岡川撞個正著，和夫痛的齜牙裂嘴。原先借用在京都的

8 維新三傑之一，西鄉隆盛的書法摹本。

宮木電機倉庫空間已不敷使用。這幾天忙著機具貨物的搬遷，大家都焦頭爛額每天幾乎睡不到四小時，難免不留神；但連日的粗重勞動早就渾身疲憊，岡川又是撞到扭傷的右脇，和夫為了在部屬前維持形象只能咬牙隱忍。

「稻盛君……第二組壓模機好像有點故障……角田系長[9]聯絡維修單位建修仍然找不出原因……」青山政次寬厚的臉變得有點凹陷，面色慘白話說的斷斷續續，高瘦的身體搖晃著。

「青山先生」

「取締役[10]……」

話還沒說完和夫和岡川來不及反應，青山政次在一片驚呼聲中倒臥在地。

送往醫院急診的青山政次，被診斷出血尿、高血壓再加上感冒未癒又過度勞累，造成暫時性休克，需要靜養一段時間。

搭上最後一班電車回京都住家的和夫，把頭深埋在掌心，大滴的淚水從指縫流淌而出。

青山先生是他亦師亦友的恩人，沒有他一路的支持就沒有今天京都陶瓷的規模。青山先

9 助理大組長。

10 相當於執行董事，分為有無代表權（股權），「代表取締役」為有股權的的執行董事。

生倒下的那一刻，他緊張到心臟差點停了……六十多歲的青山先生似乎不能跟著年輕的幹部們再這樣操勞下去。

如今公司規模已擴展到當初的五倍之多，自己身兼管理、研發、業務都快忙不過來，青山先生跟他一樣凡事都喜歡親力親為……但這似乎都不是長久之計，一定要再研擬一套管理方法。

電車的車門開啟，寒夜裡的冷風灌了進來，和夫兩眼無神地看著乘客陸續下車。

六、七年前公司成員在二十幾名時，聚在一塊吃烏龍麵歡樂的情景突然浮現腦海。那時無論是達成交易或階段性完工時，大家的情緒很容易就被渲染開來；而現在公司員工已有一百五十幾人，但創業初期時的那份一體感早就不知道跑哪裡去，只有身為經營者的幹部們整天憂心忡忡。

該怎麼做才能將每個人的能力發揮最大，為自己的生活目標而工作呢？

◊◊◊

西元一九六六年滋賀縣蒲生町，遼闊丘陵地上一望無際的原野，兩座工廠及兩層樓的木造員工宿舍嶄新的矗立在翠綠的松木林旁，總公司的機能正式由京都轉至滋賀。

「唐納・強森先生，向您介紹這裡是我們主要的生產工廠。」（英語）上西阿沙指著前方一千多坪整齊的廠房。

「嗯……」（英語）唐納・強森望著平矮的廠房不語，低頭對著筆記本快速用德文書寫。圓肩頭髮濃密捲曲一米七身高的上西阿沙，亦步亦趨的跟在將近兩米高宛如巨人般的德國人唐納・強森後方，任由他參觀內部作業情況。金髮碧眼的外國人頻頻引起廠內員工的注意。

兩小時後，行銷部長上西阿沙親自開著車子送唐納・強森到料亭享用道地的日式料理，便直接驅車趕往機場。

「謝謝您順路到敝公司參觀，以我們廠區的設備及規模對於生產積體電路板……」（英語）站在機場大廳，行銷部長上西先生幫唐納・強森將最後的行李搬上推車後必恭必敬地說道。

德國來的貴客，是國際商業機器公司 IBM 的技術人員，遠道來日本勘查精密陶瓷廠，而京都陶瓷是目標廠商中的最後一站。全體公司高層幹部莫不嚴正以待，到了臨行最後一刻行銷部長上西仍不敢鬆懈。

「你們日本人真是太好客了，連續幾日下來參訪過這麼多間廠商，就屬貴公司讓人印象深刻……我的意思是對於製造部門、研發部門的介紹非常的仔細，還包含運作方式……很抱歉，由於我的母語是德語，在英語上的表達還不是很順暢。」（英語）唐納・強森伸出手大力握住上西阿沙的手致意道。

「不過也必須跟貴公司說明，我們對於產品要求相當嚴格，況且羅森泰[11]和德固隆[12]這兩間德國陶瓷廠仍是我們目前比較傾向合作的廠商；再者據我所知京都陶瓷好像從未有過如此大量的生產經驗。」（英語）他繼續補充道。

貿易部長上西先生正要跟他進一步解釋，唐納・強森揮揮手旋即大步走進候機室。

「IBM 的技術勘查人員搭上飛機前，還有其他表示嗎？」深夜十一點還坐在辦公桌前的和夫打電話給上西問道。

「希望不大……」上西直接了當地說道「唐納先生還說有兩間德國公司是目前評估中最

11 Rosenthal。
12 Degussa。

符合要求的。」

「明天晚上松風聚餐可別忘了！」上西提醒道。上西曾任松風工業貿易部的部長，年長和夫十一歲，許多老松風部屬們每半年都在上西先生投資的京都料亭中聚會。

「好～沒問題。上西部長，關於管理規則我想出新的執行規則——將所有的職員分割成小團體，每個小團體都是獨立會計，再從其中挑選出具有經營者意識的人擔任管理者。」和夫坐著旋轉椅看向後方的《敬天愛人》書匾。

「我們的中心理念就是關懷、利他，每個小團體必也是以此理念互相堂堂正正的競爭……」和夫繼續補充道。

「有點像會變形的阿米巴。」上西說道。

「變形蟲嗎？」和夫問。

「哈哈哈……是啊，隨著公司不斷的成長，小團體為了適應環境也會衍生增加。」

「這麼一來每個阿米巴不但能在各自的崗位上努力、提升個人能力，也能對公司經營更有參與感。」和夫不禁開心拍手道。

掛下電話後，和夫將剛才談話產生的靈感紀錄下來，並同時確認這兩天的行程。

「竹下教授七十歲大壽。」和夫自喃著。

將桌燈拉近後，和夫揉了揉疲麻的眼睛，翻開讀到一半的佛經。

是否能接獲 IBM 的訂單，若是盡力還無法拿到就隨緣放下吧！

一大早接獲美國發來的電報通知，松本清治氣急敗壞的馬上安排職務代理人處理中央研究所事務，趕搭當天最後飛往紐約的班機。

經過十七小時的飛行抵達艾迪威爾機場時，剛好是當地的正中午，清治帶著深色墨鏡掩蓋疲倦的面容拉著簡單的行李，流利地用英語對計程車司機說明目的地後，閉目養神的同時思考下一步的走向。

花了一番功夫，終於站到松下電器東京技術部部長的位置，總公司目前正積極生產電晶體收音機，重要零組件的協力廠商都由他一手決定，沒想到半年前已口頭答應簽訂技術支援的德固隆紐約分公司經理，竟無緣由的被德國總公司解雇。

少了這國際頂尖技術支援，所有的生產進度都被迫停止……難道是分公司經理暗中收受回扣被發現。

清治望著車窗外陽光普照的紐約街頭，冷不防的打了個寒顫。

他決定拜託岳父打通電話給三金會的會長。

「爸～就當作是一時被利益沖昏頭，就幫他這次嘛～」雅子樸實臉蛋上那雙惠詰的眼擒滿淚水。

坂野太郎鐵青著臉看著女兒替自己的丈夫哀求著。

「他根本就不曉得事情的嚴重性，沒有拿到實質的合約，僅僅是口頭承諾就如此貿然的相信。大筆訂金都已進到被解雇的紐約分公司經理口袋，現在可好啦，只剩三個月的時間叫我哪裡去找國外技術支援的廠商，根本就是天方夜譚……還膽敢要我請三金會的會長幫忙，妳看看……簡直是吃了熊心豹子膽……」坂野那張酷似大黑天[13]曬得黝黑的臉脹得通紅。

坂野太郎靠坐在紅色的法式長椅，眼睛餘光不時瞄向一旁的電話。

清脆鈴聲一響，坂野立刻接起。

13 與惠比壽神並列祭祀的福神，有著寬臉大鼻及粗黑彎長的眉毛。

「歐~是會長，那件事真是勞煩你了。」

電話那頭不知道說了什麼，只見坂野對著電話一頭頻頻點頭稱是，過了五分鐘坂野的臉色有點僵住。

「補償性簽約金啊……沒問題、沒問題，能夠解決就太感謝您啦！」坂野掛下電話。

「雅子，妳待會打電話給在紐約分公司的清治說，另一間德國大廠會接手。」坂野念了一串德英夾雜的聯絡人姓名、電話住址及公司名稱，雅子很快的拿筆抄下。

「為了要解決妳丈夫捅下的婁子，還要支付一大筆錢給那間德國大廠作為放棄 IBM 訂單的補償金。若是再有一次，妳就乾脆跟他離……」

「爸……你放心我會好好勸他的。」雅子不想聽到父親接下來講的話，急忙插嘴道。

四月氣溫驟降，本州上空飄來陣陣薄雪，打落了剛開滿的櫻花。

傍晚稀疏的路燈逐漸點亮，全部京都陶瓷的員工陷入一片歡樂聲中。

「我們終於拿到世界知名大廠 IBM 的訂單，還是擊敗先進兩間德國陶瓷大廠。這次的訂單非常驚人，足足可以占公司一年營業額中的四分之一，也就是一億五千萬日圓，生產的總數量為兩千五百萬個積體電路板。這是我們邁向世界第一的前奏曲。讓我們一起歡呼吧！」稻盛和夫拿著麥克風，對著全體近兩百位員工激動的說道。

和夫忍住奪眶的淚水，坐在前方第一排的創業夥伴們早就泣不成聲，這一刻等了好久好久。

聽到稻盛部長的宣布，兩百名員工聲嘶力竭不斷高喊著「京都陶瓷萬歲～萬歲、萬歲……」連廠房屋頂都被震的吱吱作響。

全公司浸淫在歡樂的氛圍中，接連舉行好幾天的酒宴，慶祝這企盼已久的曙光。

數天後空運寄來的設計說明，讓高層幹部及技術部門的人全都傻了眼。

「世界一流的公司果真不一樣啊！」宮木社長及青田取締役不約而同的驚嘆道。

這根本不是一般的設計圖紙，而是一本厚達五百頁的「規格說明書」。

紀載詳細的積體電路特性、測量密度、表面粗細、尺寸精密度的測定法與測定機器……還有比重、滲水性、吸水率……

「看來我們必須再添購一些機具，才能開始生產。不然連基本測量機密度的儀器也沒有。」和夫言簡意賅地講完，馬上拿起紙筆分配籌備機具流程及材料研發進度。

一個月、三個月、五個月，時間很快的流逝，滋賀工廠第一廠房的大型電爐及自動壓模機幾乎沒有停止過。失敗的基板[14]不斷地堆往倉庫，縱使達到說明書的規格，海運到美國的樣品也是不斷地被退回。

負責監管的幹部們乾脆住在員工宿舍裡，每週只回家兩次。

「稻盛君，董事會決定社長的位子由你來接任。」宮木男也在深夜十二點對著反覆計算混合原料比重數據的和夫說道。

西元一九六六年五月　稻盛和夫接任京都陶瓷公司社長。

兵荒馬亂之際接任公司大任的和夫比過去更加廢寢忘食的工作，幾乎以公司為家。

「伊藤、岡川，麻煩你們再去檢查一下原料混合及沖床壓模的機具。」早上六點半作業員還沒進到廠房，和夫就忙著指揮預備的現場，然後帶著放大鏡去檢視昨天燒製冷卻後的基板。

14 基體電路基板。

「稻盛社長，您的電話……好像是夫人。」伊藤謙介從辦公區走出來喊道。

和夫接起電話說了幾句，很快的掛斷。

「明天週日您不打算回京都嗎？」從後面走來的伊藤問道。每週的三、日是和夫固定回家的日子，最近因美國IBM頻頻退回製作樣品，和夫整整一個月都住在公司。在他印象中朝子好像上個月來滋賀時……還挺著大肚子。

「下週三會回家一趟」和夫拉開牆壁上的鐵櫃翻找水平儀及量尺簡單答道「……規格說明書上好像有提到什麼投影機……」和夫的話題很快回到工作上。

「測定精密度的投影機。」

「齊藤先生進到公司時，請他擬定暫停過年連休公告。」走出辦公區的和夫回頭匆匆說道。

◇◇◇

諸相非相、諸法無我、諸行無常……

善男子，如我於燃燈佛所，信解諸法一相無礙，然後得無生法忍，具足六波羅蜜。所以者何？若菩薩於恆河沙劫，布施、持戒、忍辱、精進、禪定、智慧，若不知如是法相，是人或能斷絕滅一切善根。善男子！汝見提婆達多有大功德善根，成就三十二人相，有如是功德，不知如是法相故……

善男子，當知雖發久法心有大功德，不入是法門，皆能斷滅善根功德。

「六波羅蜜。」冬日的陽光照拂著，和夫閉眼獨坐在廠區邊緣的長椅上。

「社長……」

午休時間，岡川健一氣喘吁吁的跑來。

「上週送出的二十萬個基板……美國總公司傳來消息。」岡川氣息不穩地繼續說道：「全數被退回了。」

稻盛和夫不發一語，將佛經收進上衣內袋，快步跟著岡川走回第一廠區。

這次退貨對和夫而言極不尋常，「規格說明書」的內容早已在腦海中背的爛熟，所有細節都已符合規定，為何還被判定不合格。

兩日後，美國 **IBM** 總公司派人來到日本。

「Mr. 艾力克・喬，感謝你特地前來工廠視察。」青山政次帶著美國採購部人員繞巡工廠，臉色雖然帶點暗黃但仍精神奕奕的用英語解說生產流程。

和夫、伊藤謙介跟在後頭，接續用不甚流利的英語說明。

「實際來參訪後，我們確實了解貴公司對於製造技術及生產流程，幾乎已完全符合規定；但還是很遺憾地告訴你們，機器檢測是第一道關卡，如果無法判別是絕對沒辦法採用。」（英語）艾力克・喬表情嚴肅說道。

「請告訴我們為何無法自動判別。」和夫沉思了一下，抬頭問道。

「因為貴公司的製品材質微黃，才無法正確判定是否合格。」

關西 岡山縣倉敷國際飯店

連續幾年登上美國知名雜誌封面的松下電器創辦人——松下幸之助應企業界的邀請，參與「關西經濟研討會」。

挑高三層樓的會堂裡，聚滿各方的中小企業主及想一睹日本經營之聖風采的商界人士。擠在人群中的稻盛和夫聚精會神看著台上雖年已七十，仍精神奕奕雙目炯然的松下先生。

「水庫式經營法，才能真正讓企業持盈保泰。為了不讓水白白流走，必須要興建水庫攔截、儲存河川的水，並隨著季節變化加以調節。也就是說，不管景氣如何都要思考，一旦景氣變差該怎麼辦，才能在景氣不好時度過難關……」松下先生闡釋著。

演講結束到了提問時間，和夫前方頭髮斑白的企業主舉手問道：「我很清楚所謂水庫式經營就是採取從容有餘的策略經營，我們這些中小企業主早就這樣想了。可是因為辦不到才覺得困擾，可以請您教教我們具體的方法嗎？」

「無論如何就是要興建啊～這個問題你自己不想可不行。」松下先生推了推黑框眼鏡嚴肅說道。

台下聽眾依然一頭霧水，甚至竊竊發笑。

和夫突然被當頭棒喝一般。

無論如何就是要興建……這不就是精進專一嗎！佛經裡的六波羅蜜，不也是這個道理。遇到任何瓶頸，只要堅持做下去不受個人情緒干擾，執行到無我的狀態……被退回陶瓷封裝代表技術未達到標準、產品微黃就再重新調製原料。這才是誓言「世界第一」的京都陶瓷啊！

跟著人群走出會堂，旁邊的對話引起和夫注意。

「松下先生最近神色有點凝重，好像高層出了點狀況。」

「大家都知道松下先生最重視『誠實』了，據說是陪著他創業的元老偏袒部下，間接隱瞞收賄。」

「這麼嚴重～依照松下先生的個性一定大發雷霆。被偏袒的部屬鐵定飯碗不保。」

「他叫什麼倒忘了……好像姓松本，據說還長得一表人才……」說話的人咂了下嘴。

驟雨停了，狂風吹落的葉子黏在石頭上，但鋪著圓沙的參道卻一貫的維持乾淨。

穿過八幡神社前的鳥居[15]，西枝一江在妻子的攙扶下爬上石階。

拜殿裡早已聚集二十幾位京都陶瓷的高層幹部。

「咳咳咳……」走進拜殿費了西枝不少氣力，年事已高的他退居公司第二線，近來因身體大不如前，甚少到滋賀及兩年前成立的川內廠區[16]。今天是公司的大日子，十年前胼手胝足的創業夥伴為了答謝神明，特來參拜。

「西枝前輩。」伊藤看到西枝佝僂的身影連忙走過去「您慢慢來～」他招手示意，不一會兒手腳俐落的堂園立刻搬來張椅子。

自從三年前順利完成美國 IBM 公司兩千五百萬個積體電路訂單，京都陶瓷的聲譽在日本傳了開來，甚至被冠上「積體電路基板神話」的美名。同年獲頒中小企業研究中心獎與林

15 神社參道的入口。
16 位於鹿兒島。

製造所、古野電器、武藤工業、世倉機械製造所等四間公司一起受到官方肯定。

和夫領著高層幹部們向神明虔誠合掌祈願後，到西枝先生跟前行最敬禮[17]。避免影響到其他參拜的信眾，和夫扶著西枝先生與其他人到一旁的禪房。

禪房內透著淡淡地茶香，其他高層幹部與西枝先生致意後，便一個個到神社內的庭院賞玩風景。

「西枝先生，向您報告公司即將在今年十月，於大阪證券交易所第二部[18]正式上市。」和夫壓抑內心的喜悅，恭敬說道。今年三十九歲的他意氣風發，但也不忘當初艱難創業時與他共患難的年輕夥伴們，「敬天愛人」的社訓已深深內化成公司文化，除了鼓勵員工大量持股，並發行新股招募資金。因為公司必須要有充分的資源，才能在不安的社會情勢中生存。

西枝一江佈滿皺紋的眼角流露出讚許目光。

「很好、很好，聽說你並沒有賣出持股，還將部分分讓給員工。捨棄獲得財富的機會啊！」西枝說道。

17 站立向前鞠躬九十度持續五秒。
18 等同我國的興櫃市場。

「公司現在能擁有這樣的成績是大家的功勞，況且上市後更是要對員工、投資者、股東負起責任，畢竟他們都是期待京都陶瓷業績上升才購買股票的。」和夫低頭說道，高闊飽滿的額頭顯得明亮。

「總公司在滋賀營運調度應該有所不便吧，尤其是外銷部門急遽成長……」西枝問道。

「鹿兒島縣長及國分地區的開發單位，已經邀約我們的工廠繼續進駐[19]，以目前趨勢來判斷，的確總管理部門的編制在滋賀工廠已無法容納。京都山科地區已找到適合的土地，明年總公司大樓應該就能興建完工。」近年來勤跑美國接洽業務的和夫，不但積極掌握趨勢也嘗試研發創新產品。陶瓷多層封裝[20]的概念是由美國德州儀器的技師所激發，間接也讓京都陶瓷的川內工廠一躍而成世界級的陶瓷封裝廠。

冬日夕陽漸落，層層疊疊黃橘橙紅的雲，寧靜地包覆遠方地平線。

西枝一江幫和夫沏上妻子端來的抹茶，清新的茶香襲來和夫深深吸了口氣。

---

19 位於錦江灣北側的國分工廠，其土地約有二十二萬平方公尺。

20 將具彈性的陶瓷薄片重疊做成積體電路封裝，接著在薄片上印刷電子電路，使電路訊號能自由進出。

鹿兒島縣 霧島市機場。

休息室的地勤人員交頭接耳的討論這幾天發生的新鮮事。

「從來沒看過包機出遊……算一算至少也有四五百人。哪間公司這麼大手筆？」

「我打聽出來，是間專門製造精密陶瓷的公司，若沒記錯公司社長還是我們鹿兒島人吶！」

「好幸福的員工，真令人羨慕。」身著藏青色制服的地勤人員嘆道

從國分、川內、隼人各地趕來的工廠員工陸續搭上日本航空的專機。

親自帶著員工們前往大阪伊丹機場的稻盛和夫心情特別輕鬆，一路上跟著員工有如家人般說說笑笑。

「社長啊，說實在的……去年您向我們宣布，若營業額月收達到九億日圓就到香港三天兩夜旅行[21]，當時聽了還真覺得自己聽錯呢！」頭上綁著藍色頭布巾，綽號吉田伯的五十歲滋賀工廠作業員說道。

21 當時對一般人來說，海外旅行是望塵莫及的事。

「你忘了接下來社長說的那句──不過月營收只達到八億的話，全體到京都的禪寺打坐。」有人接著道。

「唉呦喂啊～我這把老骨頭可禁不起直直的坐這麼久啊。」吉田伯老實木訥的臉全扭成一團。

「哈哈哈哈哈……」車上的人全都笑了。

和夫望向前方開闊筆直的高速公路，聽著員工們愉快的笑聲，有著說不出的滿足。

拉著行李走進寬敞明亮的機場大廳，後頭緊跟著一大群員工的和夫走到櫃檯時有人突然叫住他。

「稻盛君、稻盛君……」有人大步跑來，那張黝黑的臉似曾相似。

「是我啊，岡田孝一。」岡田對著和夫用力招手。

和夫回頭看向岡田急奔而來的矯健身影，腦海中瞬間浮現十多年前松風工業的情景。

「日本航空接待室總部課長[22]，還請多多指教」京都陶瓷大手筆的包機早就驚動整個部門，岡田微喘著氣從西裝口袋掏出早已準備好的名片。岡田從松風離開後透過父親的關係到

22 相當於部門經理。

日本航空工作，沒想到當時消瘦徬徨的技術員竟成了眼前上市公司的社長。

「真的是好久不見。」和夫順勢與岡田交換名片。在松風工作期間，岡田的健朗好客一直讓和夫相當欽羨，奈何匆促離職的岡田並沒有留下聯絡方式。

「希望稻盛君能多搭乘日本航空。」岡田孝一欠身道。

「呵呵呵……當然、當然，還請多多關照了。」和夫笑道。

距離登機時間還有三個小時，兩人暢談了許久，直到廣播候機室開放時，才互相道別。

透過大片玻璃窗，機身尾翼的藍白條紋[23]莫名吸引住和夫的目光。

一九七三年中東戰爭再度爆發，國際原油價格一路飆升，引起各國GDP[24]持續性的衰退。

日本國內各產業的交易量驟減景氣低迷，許多公司不得不減薪、裁員來保住資本命脈，

23 日本航空的第一代塗裝。
24 國民生產毛額。

這波景氣衰退也影響到精密陶瓷加工產業。

製造部係長角田與作業員出身的技術主任鐵男，怒氣沖沖的離開京都下京區的聯盟公會。

「保障員工權益第一，就是要罷工抗爭到底，這邏輯是什麼意思？提高工資百分之二十九……」角田土氣的短臉脹得通紅。

「全世界都在不景氣，工廠機具都停了一半，全部的人都輪流休息打掃廠區，訂單沒了大半，公司怎麼賺錢給員工加薪啊！」鐵男氣得臉紅脖子粗跟著說道。十多年前公然帶頭跟和夫唱反調的鐵男，現在可是京瓷公會裡的核心幹部。

「走，我們回去召開臨時大會。」鐵男拉著角田準備攔下計程車離開。

「等一下京瓷公會委員長……請快點回去議室簽名同意……否則程序不完備。」六、七個聯盟公會的人突然追了上來。

灰濛濛的天空飄起細雨，周遭視野開始變得不清。

身材與鐵男一樣壯碩，剃著光頭的千代委員抓住鐵男的肩膀，企圖阻止他上車。

「千代委員，我們京瓷公會的意思已經表達很清楚……絕對不……」鐵男話語未落，就被拉扯跌了個踉蹌。

「請不要使用暴力……」坐在車內的角田探出身急忙說道。

「不遵守聯盟公會憲章的叛徒……」千代委員大吼。

「閉嘴……」鐵男一拳揮了過去。

眾目睽睽下，千代委員和鐵男在路邊扭打成一團。

五天後京都陶瓷工會召開臨時大會，宣布脫離聯盟工會，組成獨立工會。

鐵男坐在一千多人的看台旁，聽著京瓷工會的新任委員長宣讀《京都陶瓷勞動工會憲章》「工會是為人類團體永久的幸福而存在，勞資雙方是緊密的同軸關係，共同開創命運，在共同目標之下共享苦樂，勞資雙方所肩負的責任是平等的……」

聽完宣讀後，鐵男走向台前跟著新任委員長深深地對台下鞠躬，他的眼睛泛著淚光，看向不遠處的社長。

過去草創時期的公司租用在宮木電機倉庫中時，年輕氣盛的他斤斤計較於工時、年資與加薪福利，為了迫使技術部部長[25]承諾加薪，保障將來的薪資調幅，與十位同期的同事蓋下

25 當時為稻盛和夫。

血印遞交「要求書」。他很清楚一旦全體辭職，公司必定陷入困境。

可是……。

鐵男望著燈光下頭髮參雜灰白的稻盛社長。

社長真的辦到了，隨著公司成長所帶來的獲利，真的都回饋到他們身上，縱然薪資凍結調漲一年，他們也很清楚外頭的世界有多險峻。現在工廠的機具大半都停了下來，社長依然讓他們輪流上工、打掃、聽課[26]，堅持不辭退任何一位員工保有他們的飯碗。

有人跑去問社長為何如此，他也只是笑笑地說：「沒關係，公司還撐得下去，能守護員工的幸福才是最重要的。」……所以無論聯盟工會如何逼迫命令擁有一千三百名會員的京瓷工會罷工、抗爭，爭取加薪百分之二十九，他們仍堅持站在公司這一邊，甚至不惜違抗憲章做出被認為是勞工叛徒的行徑──脫離聯盟公會。

「辛苦了！」和夫上台與新獨立的工會幹部們一一握手低聲說道。

不……堅持守護我們的社長才是真正的辛苦。

鐵男在心裡大聲喊道。

---

26 研讀聽講京瓷哲學。

往年冠蓋雲集相當熱絡的關西財界年度聚會，今天卻顯得低迷。伊藤謙介一臉肅穆聽著與會商界人士的抱怨。

「日圓因為美國政策急遽升值、國際原油價格強勁上漲，使得貿易交易量不斷地萎縮。訂單減少到過去的三分之一……公司的工會又要求依照規定加薪……唉～」

「只能忍痛暫時解散大半員工，不然又能如何？厚生勞動省[27]近來制定的法規愈來愈嚴格，但電費上漲又供電不穩，我們企業界要怎麼撐得下去。」

「是啊，政府進出口政策不鬆綁，環境差又市場蕭條……」

……

一整天的會議中，除了各界大老對業界發表象徵性的信心喊話外，其他參與的工商界代表們彼此私底下對經營環境都怨聲載道。

27 相當於我國的勞工部。

「伊藤先生，請問您是京都陶瓷公司的代表嗎？」有位頭頂圓禿的男子攔住正要離開的伊藤。

伊藤微詫的點點頭。

「我是旭化成公司關西分部的專業部長[28]，會議中注意您蠻久了，發現您幾乎都沒和其他人交談。」說話的男子自顧自的講了起來「你們京都陶瓷的工會還真強悍，竟然違抗上級工會的命令自行獨立，真的是前所未見啊！你們高層幹部是怎麼讓員工服服貼貼的聽話，可否傳授幾招。」自稱專業部長的男子突然棲身道。

伊藤還沒反應過來，男子聽到後方有人在叫喚他的聲音，便馬上抽身離去。

「常務，他是誰啊？」負責開車來接伊藤的德永秀雄走進門廳時，剛好看到男子附在伊藤耳邊說話。

「並不認識他。」伊藤苦笑道。看來公司工會獨立事件，早就在關西地區傳開了；稻盛社長平時做事嚴厲，但對員工總是一片赤誠，縱使面臨嚴重的世界性不景氣，仍然堅守著員

28 相當於協理的位置。

工。

坐上車，從地下室駛離了會場，瘦削的德永握著方向盤看向後視鏡。

「稻盛社長剛從醫院探視西枝先生……情況好像不太樂觀。」德永皺著眉頭說道。

「唉～若沒有當年西枝先生的孤注一擲，就沒有現在的京瓷。」伊藤寬臉上的圓眼泛著水光，又繼續說道：「話說回來，早上你不是載社長到大阪齒科大學，川原教授提出的人工牙根製造問題研究的如何？」這五、六年來稻盛社長致力於多角化經營，指揮技術部門成功開發出合成寶石[29]、引進德國菲爾德米勒公司的陶瓷切削刀具技術並在去年量產。此時社長似乎繼續想往陶瓷醫療器具發展。

外頭的大雨停了，伊藤搖下車窗，涼爽的空氣灌了進來。

「要埋進下顎骨的人工牙根，川原教授早期研究過金屬製的產品，都因為人體對金屬的排斥而失敗。若我沒聽錯的話，社長是在大學時期的恩師介紹下認識川原教授……」

「如此說來也有一定的人情壓力。」伊藤不自覺地點頭。

29 祖母綠寶石、紫翠玉、紅寶石和藍寶石……等。京瓷並設立 CRESCENT VERT 股份有限公司，專賣人工珠寶，並於一九七八年以 INAMORI Jewelry 之名登陸美國。

「沒錯，雖然目前公司營利的部分在積體電路的陶瓷多層封裝、還有計算機的陶瓷基板[30]，可是社長認為事業若太過偏向單一領域，業績很容易受到大環境的影響。」德永說道。

車子離開十七號國道，往京都山科方向駛去。

「對了，總公司大門那位奇怪的婦人還在嗎？」準備下車的伊藤問道。

「上週在公司大門前徘徊，警衛上前了解還是一樣，堅持要單獨見社長一面。」

清晨朝陽未升，大地灰濛濛的只有街燈仍亮著，突然車聲由遠而近驚飛起幾隻停棲在圍牆上的紅尾伯勞鳥。

稻盛和夫推開黑色大門，司機早已站在石砌的圍牆旁。

「恭喜啊，社長。能獲得東京理科大學教授的肯定。」年輕的司機語帶欽羨的說道。今天報紙頭條斗大的標題寫著，社長因發展特殊陶瓷而有所貢獻，將被頒發技術人員最高殊榮

30 電子計算機數字螢光顯示管的陶瓷基板。

的「伴紀念賞」[31]。

「謝謝、謝謝，都是靠大家的努力。」和夫油亮頭髮下的豐潤長臉微帶倦容，說完後便開始閉目養神，過了會兒拿出公事包裡的單位時間利潤表[32]仔細研讀。

和夫目不轉睛的盯著數字，各部門的工作情景、製造與營銷的流程、該阿米巴[33]領導者的現場氛圍，透過詳盡的紀錄，讓和夫如身歷其境的了解公司運作的每個細節。

九月秋初的陽光升起，濕漉漉的地面在汽車的奔馳下激起水花，坐在舒適平穩車上的和夫從公事中抽離，想起前天病重過世的大恩人，慈祥充滿智慧有時又嚴苛要求部屬的西枝先生。

當初賭上身家財產協助創立公司，年長和夫二十多歲的西枝先生，這二十年來只要經營遇到困挫時，總不斷用佛法的智慧及自身經驗無私的開導他……如今這位恩人溘然長逝。

西枝先生，您看到了嗎？

31 由東京理科大學教授，伴五紀教授發起。
32 京瓷獨創的財務報表，以單位時間所獲得到的利潤呈現。
33 京瓷獨創的經營模式，將各部門員工劃分成會計財務獨立的個體。

東京與大阪的證券交易所[34]的股票，已由第二部躍升為第一部，月初以一股二千九百九十日圓收盤的股價，擊敗長居位首的SONY榮登股王。

公司終於發展成今天的局面了！

和夫抬頭望著遠方比叡山深綠的山峰。

一切有為法，如夢幻泡影，如露亦如電，應作如是觀。

緣聚則生、緣散則滅，空及非空。般若心經[35]裡的「色即是空」，一切看似存在的東西其實全部都是空，都是生滅虛幻無實的暫存假相。

西枝先生，這是您先前教導我的，但是……

隨著您生命的逝去，所謂諸相非相諸行無常，洞觀一切事物本體的本心……卻又好像找不到了……

34 二〇一三年初東京證券交易所與大阪證券交易所合併，成立日本交易所JPX。

35 摩訶般若波羅蜜多心經。

和夫的眼角默默淌下淚水。

早黃的楓葉飄落，位居郊區的京都陶瓷總公司大門熱鬧擁擠，各部門及訪客的車輛進進出出，但警衛室旁的黃衣中年婦人彎腰低頭的，好像在拜託什麼。

和夫特別請司機將車子迴轉停在婦人面前。

「有需要幫忙的地方嗎？」和夫將車窗搖下來問道。眼前樸實的婦人，有著一雙慧詰的眼睛，和她身上陳舊的黃色大衣極不相襯。

「社長……這種事由我們來……」一旁的警衛向前，卻被和夫搖手示意退下。

「請問是稻盛先生嗎？」中年婦人怯生生的問。

「是，我就是。您是？」

「我的丈夫是松本清治。」

燈光璀璨閃亮的東京大學典禮會場，正舉行著一年一度的伴紀念賞頒獎，前三排的貴賓席內還不乏皇室及政界要員，容納三千人的會場幾乎座無虛席。

身著典雅晚宴服的男女主持人在講台上宣讀受獎人名單，須永朝子坐在和夫旁邊，黑留袖和服[36]將四十五歲保養得宜的皮膚襯得白皙。

受邀的得獎者，大多是於各領域技術研發卓越，對國家社會貢獻良多的研究員。

一陣雄偉的管絃樂聲響起，和夫在潮浪般的掌聲中上台，強烈的燈光將他銀灰色燕尾服的高大身形照的耀眼。

「首先感謝伴教授給予機會讓我有榮幸得到這個殊榮，精密陶瓷的開發在現今仍屬於新興產業，我躬逢其時能有幸將它加以推展到各個應用層面。日後我仍會致力於精密陶瓷，希望能為世人打造一個更美好、更便利的世界。」致詞完和夫捧回藍布絲絨方框的獎狀及水晶花瓶時，彷若有種奇妙的氛圍震攝住。

他向伴教授、主持人、評審鞠躬致意後步下華麗的舞台，內心同時湧現一股聲音。

你啊！不應該來受獎。你難道不應該回過頭頒獎給人嗎？你事業成功，社會存放在你身

36 已婚女性的最正式禮服，而黑留袖和服會在印上五個家紋。

上的財富也夠了，還在扮演這種開心受獎的角色，不是很奇怪嗎？

結束頒獎典禮後位於半島酒店的慶功宴，不勝酒力的和夫帶著妻子直接住了下來。

他醉醺醺的鬆開領結，一面吩咐朝子幫他準備醒酒藥時，房內的電話響了。

「是我，津子…爸爸……剛才家裡有人打電話來，他說不用麻煩了，不想再回到電子科技產業……說話沒頭沒腦的又自稱是您中學時的同學，感覺有點怪異所以就打電話給您。」

聽到大女兒突來的電話，和夫頓時酒醒了大半。

「有說是誰嗎？」最近透過家鄉關係想要進公司上班的人愈來愈多，聽女兒這麼講也不太確定是不是他。

「歐~想起來了，他說是清治。」

看著飯店浴室鏡台前照出來那志得意滿的模樣，和夫突然覺得羞愧。

「神啊！請您原諒我吧！」他雙手壓著光滑的洗手台，痛苦閉眼大喊。

明明知道清治自從離開松下電器後便一蹶不振的到處打零工生活，而他卻不顧同學友誼及他妻子一再的請託……在這裡飲酒作樂。

原來佛陀說的對，成功也是一種苦難，人必須朝正確的方向努力才能克服這種苦難。否則成功還是無法滿足自己，依舊沉醉在無止境的慾望中，迷失正知正見而後造惡作虐啊！

◊◊◊

美國亞利桑那州的比佛利山莊[37]羅迪歐[38]大道。

微風輕拂，燦藍的天空下一排排椰子樹盡情的伸展著。

INAMORI Jewelry[39]簡潔高挑的核桃木天花板及光可鑑人的大理石地磚，處處顯露經營者的匠心獨具，尤其是玻璃櫃內純淨無瑕的祖母綠、透亮的藍紅寶石，搭配著巧奪天工的鑲嵌設計，真是攝人心魂。

六十坪的空間裡，五、六名五官深邃的當地販售人員，穿著尖領無袖的黑色套裝忙碌地向客人介紹當季新品。

37 Beverly Hills。
38 Rodeo Drive。
39 稻盛和夫英譯為 INAMORI KAZUO。

「兩天前來了一批亞洲新銳設計師的胸針還在三號保險櫃嗎？」（英語）白色內門一名日本中年女性匆匆走出來，向金色捲髮的店員問道，扁平的臉有著滄桑內斂的氣息。

「應該是在早上賣出去了。」（英語）

「已經下午，單據怎麼沒有記錄在電腦？」（英語）中年女性沉聲問。

「夫人，日本總公司來電找您。」（英語）裝飾櫃旁的店員小跑步而來，她附在中年女性耳邊說。

「松本太太，營銷情況如何？一切都還習慣嗎？」

「稻盛先生，非常的感謝您，我這裡還不錯。買家大多是新一代移民，觀念新潮也較能接受人工珠寶。」雅子握著話筒垂頭恭敬答道。

「岡川董事在石油商所代理的分店巡查回來的話，請他立刻打電話給我。」和夫在電話中語氣柔和地說道。

「好的，沒問題。」雅子掛下電話陷入沉思，掏出口袋的珠寶懷錶彈開鍍金的琺瑯蓋。

她凝視著彈蓋上那張泛黃的照片，清治俊俏的臉蛋彷若凍結時光般，露出年輕燦爛的微笑。

京都陶瓷隨著經營觸角的擴張，公司規模日益蓬勃發展。過去又因支援經營惡化的崔登電機[40]及西博內工業[41]，而擁有繼人工珠寶、人工牙根、多晶矽太陽能電池後的第四種跨境新產業。

為提高效率、整合資源、開發新技術及製品，一九八二年將先前納入經營的崔登電機、西博內工業、喀斯特[42]及新醫療[43]……等四間公司合併，名稱也更改為京瓷股份公司，正式成為擁有多項產業的企業集團。

「稍早營銷部的開會內容都整理好了，請您過目。」女秘書送上一疊資料放在桌上「另外半小時後，大田秘書長會親自呈交給您，森田顧問會長的變形蟲管理執行計畫書。」

「等一下幫我確認矢野教授及川原教授[44]的約訪時間。還有厚生省相關的醫療、藥事法

40 TRIDENT公司，其過去以生產計算機及收銀機而急速成長，而後因海外市場萎縮而財務惡化。
41 CYBERNENT。
42 日本CAST股份公司（株式會社）。
43 NEW MEDICAL股份公司（株式會社）。
44 大阪齒科大學教授。

規，記得請顧問律師再次詳查，明晚公司酒聚[45]前交過來。」和夫從文件中抬頭說道。

檢閱完各部門呈報紀錄，和夫又馬不停蹄的趕往位在滋賀的技術研究室。

「報告社長，藍寶石單晶[46]加工成螺旋的形狀[47]，可以用矽晶圓鏡衍伸的加工法切割，但像這種模擬人體骨骼的曲面，要達到光滑平整的程度，依然有難度。」擔任開發組組長的三輪哮，紅著眼說道。過去成功與川原教授研發出人工牙根[48]，而此次挑戰的是人體重要的股關節。原本矮胖的他瘦了一圈。

「嗯……」和夫沉吟了會說道：「我再請大阪南醫學博士協同指導。」

「各種可能的方法都不要放過。」和夫持續鼓勵著他。

外頭傳來急促的敲門聲。

常駐在滋賀的製造部長德永秀雄，有著鷹勾鼻的瘦臉倉皇地探進來。

45 京瓷特有的公司文化，無論總公司或分公司都有供職員下班後聚餐放鬆暢談的地方。
46 純度高的鋁礬土單晶材料，強度遠勝多晶體陶瓷，也因過於堅硬加工難度高。
47 用於人工牙根。
48 京瓷於一九七八年通過厚生省許可，以生物陶瓷(Bioceramic)商標問世。

「西博內工業工會的人知道社長在這視察又跑來了。司機已將座車停在後門。」德永面色緊張地說道。

和夫一聽，向三輪組長交代幾句後便匆忙離開。

廣播宣傳車大聲地播放著刺耳的擊鼓聲，頭上綁著白色抗議布條，帶頭的西博內舊工會成員手拿擴音器吼道：「沒良心的京瓷社長，專門併吞破產公司擴大自己的勢力範圍。我們要採取罷工行動來抵制。」一旁的抗議成員也跟著大聲喊著「罷工抵制邪惡的京瓷集團。」有些成員跳下宣傳車在附近的圍牆、電線桿上張貼「邪惡的京瓷、缺德社長」的傳單。

和夫握緊拳頭鐵青著臉，僵硬的坐在車內。

「請問還是要依照原定計畫前往京都會議嗎？」年輕司機小心翼翼的問。

「是。」和夫繃著寬潤的長臉，啞聲說道。

◊◊◊

洛北街頭清晨的殘雪還沒融化，古老寧靜巷弄後的石頭小橋旁種植了滿滿的櫻花樹，冬末還未到開花的季節，光禿禿的枝枒迎風擺盪。

料亭的女侍送來玉露[49]後，圍聚在包廂內長桌旁的二、三十位學者、經濟界、作家，開始針對籌備世界級獎項的主題發表談話。

「稻盛先生您真是不簡單啊，京都會議若不是您這位經濟界的代表大力協助，我們就無法接觸各方領域，暢所欲言的討論各種新哲學、新智慧。現在您又要以剛成立的稻盛財團，創設世界級獎項，真是讓我們由衷的佩服。」東大女教授說道。

「哪裡、哪裡，這些財富可說是社會託付在我名下的，也是時候回饋社會了。」和夫欠身說道。

「您太謙虛了，現在誰都知道您為了降低日本國內的通話費率，甚至不惜從京瓷拿出一千億巨資成立第二電電公司[50]與年營業額超過四兆的第一電電[51]相抗衡，真是由衷的感佩啊！」IBM 公司經理附和道。

49 日本最高級的綠茶。

50 第二電信電話企劃股份公司 (IDO)，以京瓷為中心，連同優志旺電機、西柯姆、SONY、三菱商事四家企業為發起，總共二十五家企業聯名為股東。

51 第一電信電話公司 (NTT)

「名稱該如何定立呢？」年紀稍長的哲學家將話題拉回來問道。

「日本京都舉世聞名，不如就命名為『京都賞』好了。」有人提議。

「好好好……，這名字取得太好了。」眾人不約而同的鼓掌大表贊同。

「所以我們就正式將這世界級的獎項，命名為京都賞。」和夫高舉酒杯大聲說道。

宴席快結束時，坐在壁龕對面的竹野教授，突然示意和夫到隔壁小包廂。

「西博內的舊工會成員是怎麼回事？到處在抹黑京瓷，你還是堅持照顧那些舊公司留下的員工嗎？」留著一把白長鬚的八十多歲竹野教授身體相當硬朗，十分關心自己的學生。

「老師，既然決定要拯救這間企業，我就會堅持下去。」和夫回道。

「呵呵……這『敬天愛人』的社訓，你可做的透徹啊。不過，陶瓷人工關節雖然在研究及臨床上已有突破，仍要注意藥事法的規定。近年來你成為社會知名人士，很多報章媒體都等著……這你懂得。」竹野教授壓低身子提醒道。

六個月後，各新聞頭條以「京瓷集團目無法紀，人工關節未經許可擅自應用在人體。」為標題大肆的報導。

朝日、讀賣、每日新聞，無不以顯眼的標題敘述京瓷違法的過程。

一大早，稻盛和夫眉頭緊蹙看著桌上報紙，當日傍晚沒有參加公司固定的酒聚，直接驅車前往位在京都的圓福寺。

「西片大師，人工關節的製作都是同一種材料，我們為了幫骨癌病人能即時有合適的人工骨骼使用，免除截肢的痛苦……為何報章媒體的輿論不斷的強調京瓷違法呢？」五十三歲的和夫跪坐在椅墊上，不斷敘述整個事件的經過。

「這也是應整形外科醫師的懇求下，讓尚在臨床試驗階段的製品繼續使用，每個新尺寸、形狀我們也是按法律規定提出申請……」

清瘦長鬚斑白的西片大師靜靜聽著和夫的抱怨，手不停歇的打開茶蓋注入熱水清洗茶碗，並以茶杓舀出抹茶粉。

「來～先喝口茶。」西片大師將茶碗轉正，面向和夫。

自從十年前西枝先生病逝後，每當和夫在事業經營上遇到挫折心情低落時，都會到圓福寺尋找心靈平靜。

「……公司遭到媒體嚴厲的批評，相關部門還被勒令停業一個月。」和夫端著茶碗大大的嘆了口氣。

「這也是沒辦法的事。」靜默許久的西片大師終於開口「稻盛先生，受苦就是活著的證明。」

和夫明亮狹長的眼睛盯著西片大師。

「遭遇到困難時，就是在消除過去的業障。業障得以消失應該要高興才對。我不知道你的業障是什麼，但這種程度的災難就能消除業障，實在是值得慶祝啊。」西片大師說完，又繼續幫和夫沖了一碗新的抹茶。

不知不覺間新月已高掛天際，厚實沉穩的鼓聲從後方傳來。

「人生在世就是要修練並提升自己的靈魂。」站在寺院門口親送和夫上車的西片大師慢慢說了這句話。

和夫低眉恭敬的雙手合十，直到車子遠遠駛離佛寺。

磨難就是在消除業障！業障消除了，為了防止重新造下業障，往後我只要累積善行就好。何況世人的批判本來就是種上天的考驗，煩惱即菩提這道理我怎麼就忘了。

看來我的靈魂是需要淨化的啊！

THREE-2

政府授命，日航浴火重生

KAZUO INAMOR

剛從美國加州聖地牙哥工廠巡查回來的和夫，一進家門就不斷地對站在玄關口的朝子抱怨：「美國子公司的廠長也未免太貪心。這幾年京瓷國際公司[52]由虧轉盈都要歸功於全體員工全心全力辛苦投入工作才有現在月營收五百萬美元的成績，這一次去巡查看到美國作業員的製作技術都有顯著進步，是因為他們每天自主地留下來開會檢討，如此認真的員工當然要加發獎金鼓勵……沒想到 Mr. 安德森一聽，竟然厚顏無恥的說：『與其加發一個月薪水的獎金給每個人，讓他們可以休假一兩週帶家人度假，不如將這筆金額發給我這個讓公司有利潤的人！』」和夫一把將行李箱提進客廳，連冷冽的京都十月仍無法讓他冷靜下來。

朝子跪坐在玄關口將和夫的皮鞋擺放好，而後起身問：「所以你怎麼處理？」

「當場臭罵他一頓，直接請他走人！」和夫摘下黑框眼鏡恨恨地接著說道：「找他一起吃飯竟然還沒等我動筷就先吃了，如此我行我素又把自身利益擺在員工前面的人，我絕對無法相信 Mr. 安德森廠長能將員工照顧好的。」和夫鬆開領帶後，接下妻子遞給他的溫茶，一

52 簡稱 KII。

口飲下。

給員工幸福的生活是經營者的使命，而其中所得到的快樂並非金錢能夠替代的，最重要的是這種使命感對企業來說具有非常大的意義！

「二樓澡間的熱水放好了，你先泡熱水澡放鬆休息，我去準備飯菜。十一點了晚餐都還沒吃，這樣下去身體怎麼受的了。對了，明天津子會帶孫子回來，小世子也要準備上小學……時間過的真快。」朝子高挽的髮髻中帶幾根白髮，微翹的眼尾旁多了幾條皺紋。她很清楚丈夫總是滿腦子公務，常常忙到過了時間卻還沒吃晚餐。

聽朝子這麼一提，小世子圓胖可愛的身影立刻浮現在和夫腦海。

為了將公司經營好，和夫犧牲不少家庭時間。當三個女兒年紀還小的時候，他就曾對著女兒說：「爸爸經營公司就像多照顧上百個小孩一樣，所以有些時間沒辦法陪妳們，妳們要體諒爸爸的難處。」往後女兒的入學及畢業典禮他幾乎沒出席過。

從創立京瓷到年屆耳順[53]的這些年，妻子和女兒們都相當善解人意，才能讓他能無後顧

53 六十歲。

之憂的全力衝刺事業。

「待會要在客房點香嗎？」朝子感受到丈夫的心情起伏似乎有點大。

「好～」和夫揉了揉痠麻的眼睛。

梳洗好的和夫，簡單換上白底灰紋的木棉浴衣，在朝子陪伴下用完晚飯後，往客房走去。五坪大小的客房裡，裊裊檀香漸漸暈散開來。平常無訪客進住時，和夫習慣在此打坐沉澱自己。

眾生本來佛，恰如水與冰，離水則無冰，眾生外無佛

對面不相識，卻向遠方求，譬如水中居，卻說渴難耐

本是富家子，淪為窮乞丐，六道[54]輪迴因，只緣愚痴闇

漫漫長夜路，何時了生死，摩訶大禪定，讚嘆無有盡

六度波羅蜜，念佛懺悔行，諸多善行誼，悉皆歸其中

54 天道、人道、阿修羅道、畜生道、地獄道、惡鬼道等六種不同的生命法界，其中天、人、阿修羅等，可說是苦樂兼具。其他三道因煩惱、愚痴及甚重的貪慾敖煎熬痛苦，其中又以地獄道為最。

靜心一禪定，能滅無量罪，免落諸惡趣，淨土即不遠
幸蒙此法要，一旦觸及耳，讚嘆隨喜者，即得福無量
設若自迴向，直證自本性，自性及無性，遠離諸戲論
因果一如門，無二亦無三，無相相為相，去來皆本鄉
無念念為念，歌舞盡法音，三昧無礙空，四智圓明月
此時復何求，寂滅現前故，處處皆淨土，此身即是佛

按慣例誦讀一遍白隱禪師的《坐禪和讚》後，便開始盤腿靜坐。

平常白天的繁忙吵雜在這一瞬間，突然「空」了下來，全身知覺鈍化後只剩下「存在」。外界的擾動、時間的流逝，都不見了，一種純粹的感知油然而生。

生而為人，為了生存就必須有足夠的能量，因為我們需要填飽肚子、穿衣及遮風避雨，但若過度陷入則會產生貪、嗔、癡三毒[55]，嚴重時甚至會帶給人不幸。所以需要持戒、忍辱，遠離貪欲，不斷地用誠實、感謝、反省的心去「精進」，斷除煩惱。最後平時就應該要求自

55 貪—貪愛五欲，瞋–––瞋怒無忍，癡–––愚痴、忌妒、猜忌。貪瞋癡能毒害人們的身命集慧命，故稱三毒。

己養成理性判斷事物的習慣，而非被本能慾望牽著跑。如此才能遠離無明造作，更貼近亙古不變的真理。

平時研讀佛經註解的文字慢慢的浮現和夫腦海。

《無量壽經》：「吾語汝等，如是五惡五痛五燒，輾轉相生，敢有犯此，當歷惡趣。或其今世，先輩病殃，死生不得，示眾見之。或於壽終，入三惡道，愁痛酷毒，自相燋然。共其冤家，更相殺傷，從微小起，成大困劇。皆由貪著財色，不肯施惠，各欲自快，無復曲直，癡欲所迫，厚己爭利。富貴榮華，當時快意，不能忍辱，不務修善，威權無幾，隨以磨滅。」

是啊～所謂見微知著莫過於此，在失誤還在細小的階段時快速剷除，就不會釀成大禍，彼此互相怨恨了。

禪坐後，和夫的心境思維變得更清晰，憂慮似乎都已找到出口。

七月鴨川沿岸的茶屋，坐滿了舉辦酒宴準備欣賞大文字山送火[56]的人們，藝妓們也提著紙糊的燈籠熱鬧進出著。

比起鄰近包廂鶯鶯燕燕的嬌笑聲，這間可容納上百人的宴客廳，充滿著大學研究室般的討論氛圍。

自一九八三年由一群年輕的經營者自發成立，學習稻盛和夫經營哲學的「盛友塾」已有八年的歷史了。上個月在大阪舉辦第一次全國大會，也正式將名稱改為「盛和塾」[57]，並邀請和夫擔任塾長。今天是例行聚會後的傍晚時分，和夫被一群熱血的企業家包圍，討論各家公司經營上的難題，再由他一一解答。

「塾長，能待在您身邊持續學習經營哲學，真是我莫大的榮幸。今天適逢大文字送火的時刻，不但能聆聽塾長您的教誨，還能邊欣賞如此的美景，實在是人生至樂啊！」海產食品加工業的社長對著和夫高興說道。

56 日本每年八月十六日的盂蘭盆節時，會舉行「大文字山送火」儀式，依序燃燒東如意丘的「大」、松崎的「妙法」、西賀茂明見山的「船型」、衣笠大北山的「左大文字」、嵯峨鳥居本的「鳥居形」等文字。

57 涵義為追求企業隆「盛」與人德「和」合。

「你們的肩上都背負著數十、上百個家庭的幸福，不但要面對艱困的環境，還要扛著沉重的擔子。你們有心要將公司經營好，我這個大家長當然義不容辭將過去的經驗分享給你們。」和夫一改平時工作嚴肅的模樣，笑呵呵的說。

頭髮油亮的三十五歲糖果批發商小老闆，趨前問道：「可否告訴我們您為何能在京瓷之後又創立第二電電公司，在原本公司營收不斷上升之際，還能讓IDO[58]的年營業額由赤轉黑，最近聽說金額還到了四百零六億日圓。大家都知道電電公社是擁有三十三萬名員工年營收超過四兆的國營企業，與他們競爭無異是以卵擊石，塾長您到底有何經營技巧呢？」

「其實在成立IDO之前，我煎熬了半年。當時政府剛開放民間電信公司，我就在想電電公社從明治時期就壟斷通訊市場將近一個多世紀，在如此封閉的情況下，日本的通訊費用足足貴了美國十倍。當時京瓷公司有足夠的盈餘來創立一間新企業，而我再三確定自己的出發點是純粹無私心，一心想幫國民打造合理低廉的通話費率，才跨出那一步的。」和夫放下手中的茶碗，清亮的眼睛綻放出奇異光輝「重點就是美麗純正無邪的心」。

58 第二電電公司英文簡稱。

旁邊二、三十名塾生們紛紛點頭稱是。

「塾長您對佛法有相當的研究，是否也同時將佛陀的智慧帶入到經營呢？」有人問道。

「京瓷集團目前海內外約有一萬多名員工，管理模式就是早先跟你們提過的變形蟲經營法，其實最主要的經營軸心還是人心。二十二年前京瓷草創初期沒有經費也沒有良好的設備及資源，唯一擁有的就是所有人為共同目標努力的心，而佛陀的智慧恰巧就是『心』的觸發。」微熱的天氣，和夫鬆開了領結。

「塾長說的太過深奧，可否再解釋清楚一點。」負責記錄的塾生問道。

「精進—付出不亞於任何人的努力、禪定—培養自省的習慣避免情緒性的煩惱、持戒—謙虛時時反省避免慾望無止境的擴大、忍辱—遇千變萬化的逆境時，因應並強化自己的心智、布施—幫助別人並以慈悲心對待宇宙萬物、智慧—經由禪定而體現真實明朗的智慧。這六項也就是佛陀在各經典中所闡釋的六波羅蜜。過去經營事業中，往往遇到不少挫折，其實也是靠這些道理度過難關的。」和夫停下來喝口茶，又對著塾生們熱切的眼神繼續說道：「京瓷的每位員工都擁有一本『京瓷哲學』，這是我經營二十多年來，每天對著幹部及員工耳提面命的人生及工作準則，這也就是佛陀所說的戒律。要求員工研讀京瓷哲學，並在管理會計中採用一對一原則及雙重檢查系統，除了是持戒也是保護員工的一種手法啊！」

「那塾長每天都有禪坐的習慣嗎？」坐在最左側的女塾生問道。

「呵呵～那當然。」和夫為自己斟了一杯綠茶微笑道。

外面的霓虹光及街燈突然暗了下來，侍者走進告知菁火即將燃起，必須要關閉室內燈光，點亮蠟燭。

燭光搖晃的包廂中，由窗內向外看出斜對角的大文字山山腰處正在點燃菁火，京都的街燈同時熄滅，碩大的「大」字在黑夜中清晰燃燒，橘紅色火光照亮整個天際。

◊◊◊

隨著京瓷集團規模的擴展，越來越多財經界的委員會主動找上和夫擔任公職，包括京都商業公會、日本商工會議所，甚至受邀擔任行革審[59]的成員，協助政府擘劃將來日本在世界

59 第三次臨時行政改革推進審議會。

經濟文化的動向。

六十歲的稻盛和夫在企業規模逐漸壯大之餘，不但以塾院的方式持續指導中小企業家經營之道、協助地方公共事業推展，還捐助興建圖書館及地方大學學院，觸角不斷向外延伸。

平日午後，炙熱的太陽被幾朵清雲遮擋住，一輛政府官員專用黑頭車平穩地駛進京瓷位於京都山科的總部大樓，二十多年歷史的五層樓建築，散發質樸的氣息。

大門前的警衛通報後，兩名接待人員隨即被派往一樓門廳入口恭候著。

約莫三十歲的年輕議員不急不徐的下車，由接待人員引領走進電梯，直達會長[60]辦公室。

「前原議員，來這裡請坐。」和夫很快地離開辦公桌迎接京都市議員。

「稻盛會長，叫我誠司就行了，您一直以來待我如子，這六年來常常來叨擾您……如此的稱呼我擔待不起啊！」前原議員黝黑端正的臉蛋微紅。

「私底下稱呼你誠司，這樣總可以了吧！」和夫笑著說道。

---

60 董事長、集團主席。

「臨時來拜會您，又讓您百忙之中抽空出來。」前原議員溫吞的語氣顯得有點拘謹「是這樣的，我們京都市與京都佛教會間出現協調性的問題……」

為民喉舌的議員，常扮演政府施政與民間意見居間平衡的角色，為尋找最好的施力點，需要拜會各界大老並從中協調。

近年來世界航空界的發展趨近完備，國與國間的交流及旅行也越來越普遍，京都從西元七百九十四年的桓武天皇開始歷經謙倉、室町時代至今風貌幾乎千年未變，濃厚的歷史氛圍吸引不少國內外觀光客。近年來市政府積極推動觀光，但因十多年前的古都稅[61]問題引發市政府與佛教會間的不滿，彼此的嫌隙至今十多年，到現在仍懸而未決。

「知道您與佛教界的淵源頗深，希望能藉助您的力量從中牽線，讓市政的推動能夠更順利。」前原溫潤厚實的聲音結束時，整間辦公室靜了半晌。

「現在我不能馬上答應你，畢竟說到佛教，我只能稱的上是虔誠的信徒，熟悉的佛教界大老也只有妙心寺派的西片擔雪大師。但，日後若有我能使得上力的地方，必定幫忙。」

61 一九八二年京都市政府發表針對寺院參拜費用進行課稅的構想，而佛教會則以停止開放參拜為對抗。

京都堪稱是寺院圍繞的寧靜城市，區域內有大大小小共兩千多間千百年歷史的佛寺建築，整座城市充滿深刻的歷史厚度。而它的行政中心———「京都佛教會」，更是各個黨派議員積極拉攏的對象。

「就勞煩稻盛會長您了！」前原好像突然想到什麼，上身微微前傾問道：「會長您經常出國，我這裡有幾張日本航空可以升級艙等的票券，若您需要可以跟我說一聲。」

「謝謝你，誠司。平常出國洽公都是搭乘全日空[62]，我不搭日航已經很久了。」和夫說道。

二十多年前曾因松風企業老同事，岡田孝一在日航服務的關係，搭乘了好一段日子。頻繁接觸後，重視細節的和夫實在無法接受機艙及地勤櫃台人員官僚式的服務態度，故轉而搭乘全日空。可能是因為日航是日本最大的航空公司吧，總是無法讓人打從心底感受到真誠。

會客時間過得很快，準備巡視各地工廠的和夫與前原議員前後一同分別搭車離開京瓷總部。

62 簡稱 ANA，全日空輸。成立於一九五二年。

外頭的天空漸漸暗了，坐在車內的和夫看著車窗上略顯蒼老的倒影，猛然想起先前在印度因緣際會認識的瑜珈聖者，摸了他的脈象後所說的一番話。

「你應該在十歲左右得過肺病，差點死去。年少時應該做什麼都不太順利吧！」

和夫還記得當時聽到「肺病」兩字時，還嚇了一身冷汗。

「依現在的狀況看來，你可以活到八十多歲……」

瑜珈聖者的話，不斷在他心裡盤旋……。

前原的座車奔馳在夜晚的高速公路上，白天行程滿檔的他，連晚間也要馬不停蹄的親自拜會聯絡各個黨政要員。他閉眼休息，感受車身正順著永福交流道進入甲洲街道。

前原外表俊秀身形挺拔，又是京都大學畢業的高材生，從政之路堪稱順遂，一年多前初次參選市議員就高票當選，今年又準備角逐眾議院議員的選舉，政商人脈可說是相當廣闊。

車子在小巷子前停下，前原還沒等司機開門就逕自下車。

古老的日式建築敞開著大門，兩名書生[63]早已站立迎接多時。偌大的庭院，花木修剪得十分整齊，連接簷廊的紙門半開，隱約可以看見鐵灰色的釜[64]正冒著熱氣，穿著和服背影如仙鶴般瘦削的男人正盤腿背對著庭園。

「先生。」前原直接走進庭園，彎腰恭敬道。

「上來吧！」渾厚的聲音有股說不出的威嚴。

「小澤先生、菅先生還有前任的內閣官房長官[65]及左派人士對於籌組新黨派都沒有反對的意思。但在商界方面就比較棘手……」前原躬身走進茶室，坐定後才開口道。

隨侍在旁的書生將紙門拉上，爐內搖晃的火焰穩了下來。

「自由民主黨的勢力龐大，企業集團會長半數以上都是挑有利的形勢來依附。」前原跪坐在榻榻米上繼續低頭說道。

「嗯。」削瘦的男人垂眼應了聲，不一會兒他抬起炯亮銳利的眼睛說道：「應該他例外

63 寄居在有錢人家中，邊幫傭邊賺取學費。
64 日本茶道中，用來煮茶的鐵壺。
65 僅次於首相的地位，相當於副首相。

吧！」

「是的，他與菅先生一樣是虔誠的佛教徒，據我這幾年的觀察，他的立場相當的超然。」

「潛沉這麼多年，終於是時候了。」銳利的目光望向壁龕上巨幅油畫時，變得相當柔和。

體態樣貌與削瘦如仙鶴般男人相仿的長者，堆滿慈藹笑容側身看著一旁稚齡的孫兒。底下燙金的漢字寫著「首相　鳩山一郎」。

東方晨曦漸亮，京都圓福寺前的鳥居旁，一簇簇鮮綠的銀杏樹迎風輕輕擺盪，一片片葉子上，晶瑩的朝露閃著點點晨光。

正殿旁的禪房內，和夫身著藍灰色的普段與西片擔雪大師對坐品茗。

「有這樣的見解，證明稻盛先生修為的境界又更進一步了。」西片大師修持過常行三昧及常坐三昧[66]，七十多歲高齡的他，布滿皺紋的臉上有著清澈安定的雙眼。

66 一天中除了吃飯、排泄可以坐著外，其他時間都在慢慢地行走著，而常坐三昧則是坐著不動。

「生而為人，不可能常駐不滅，歷經成長、自我追尋的時期後，終究還是得迎接死亡。你剛提到人生前二十年是為出社會而準備、接下來四十年是為了追尋自我的勞動期及接下來二十年為了迎接死亡讓靈魂出遊的準備期，實在是貼切啊！」西片大師邊說邊拿起茶勺舀出茶湯「你要不要出家呢？」他突然問道。

和夫停下喝茶的動作，睜大眼望著西片大師。

「像我這般庸俗的人，也可以到寺廟裡出家嗎？」

「如果你有這種想法，隨時歡迎你來。」西片大師笑吟吟的說：「只是出家皈依後，你必須在廟裡住一週到十天，以「雲水」[67]的身分過嚴格的修行生活，不過……」他沉吟了會。

釜中滾沸的水發出啵啵的聲音，西片大師曳起寬袖將熱水舀進剛喝完的茶碗沖洗。

和夫的視線隨著西片大師的動作移動著，內心卻沒來由的緊張。自己真的有機會皈依佛門專心修行，進一步提升靈魂嗎？

從出生至今的人生中，自己遭逢許多苦難，也得到許多好運。在波瀾萬丈的生命過程中，

67 修行僧。

與生俱來的靈魂每天都在接受鍛鍊與磨練。若能讓靈魂磨得更澄澈美麗，就能讓自己用更開朗的心情，為前往另一個世界旅行做準備……

「皈依後在廟裡的日常修持及行腳托缽是相當艱困的，希望你挺得過去。」西片大師的話語隨著剛沖出的茶香散了開來。

「呵呵呵～當然可以的。」和夫露出燦爛的笑容。

暑氣漸升的六月，六十五歲的稻盛和夫退任京瓷集團及第二電電公司會長一職，轉任為名譽會長，並為出家皈依做一連串的準備。

和夫偕同妻子踏出醫院大門，朝子走得極慢，一臉愁容的不斷望向丈夫。

每年定期健康檢查的稻盛一家，和夫卻被醫師診斷出……

「就算為了大家著想行嗎？就別堅持要出家修行了，手術後就好好養身、過著輕鬆的退休生活，好嗎？」坐上副駕駛座的朝子擰著眉對著和夫說道。

二十八度的天氣仍穿著輕便夾克的和夫，手握著方向盤說道：「別擔心～醫生都說了只是第一期的胃癌，切除三分之二的胃袋和摘除腫瘤就能恢復健康的。」他騰出一隻手，握住朝子冰涼布滿細紋卻依然纖細的手。

初冬寒冷的清晨，一座座古樸莊嚴的寺院，靜靜聳立在杉樹環繞的天地間，光潔的石板路上看到一群僧侶頭戴竹編斗笠，穿著青色棉衣、草鞋，從正殿走出廟門。法號「大和」的稻盛和夫在行列裡躬身行走。

開刀取出癌症腫瘤，經過三個月休養的胃部還是隱隱作痛，不顧親友反對參加大接心[68]的他，心底卻湧現一股平和安定的充實感。

九月接受西片大師剃度的和夫，住進寺院修持的這段時間，每天三點必須起床，三餐食物僅有一菜一湯，每日例行參禪打坐誦念經文，做完功課後十一點才能就寢。

「眾生無邊誓願度，煩惱無盡誓願斷，法門無邊誓願學，佛道無邊誓願成。」和夫跟著十幾名年輕僧侶齊聲念《四弘誓願文》[69]，並高舉頭陀袋[70]接受信徒米糧供養。

68 接心，又稱接心會、攝心會。於一定期間內不斷的禪坐、攝心，讓心不散亂。
69 為大乘佛教為了一切眾生的究竟成佛，所發的大願。
70 棉布做的背袋。

每個人吐出的熱氣，都結成白色水霧，他們頂著寒風不斷地行走托缽，和夫露出在草鞋外的腳尖早已磨破皮泛出血漬。

「稻盛會長。」伊藤謙介寬臉上的鼻尖凍得通紅，他站在鳥居前已久候多時。和夫目不斜視，低頭隨著年輕僧侶們的腳步踏上石階。

「大和師父……」直到聽到這聲叫喚，和夫才停下腳步。頭陀袋裝滿信徒供養的米糧，沉甸甸的壓在肩上，全身冒汗渾身痠痛的和夫，輕扯嘴角微笑看著伊藤。

「您……還好嗎？」伊藤掩不住擔憂的神情「取締役[71]及專務們擔心您的身體狀況，畢竟您開刀後休養沒多久就立刻出家修行。」若不是知道稻盛會長的脾氣，伊藤早就衝上前幫忙拿那沉重的頭陀袋。

「負責飯店的社長拜託我，務必要讓他見您一面。」伊藤急忙說道，深怕和夫轉身離開。京瓷集團在去年開始涉足飯店經營，新事業的成員都是從既有員工中遴選想往飯店業發展的，並不對外重新招募。

71 公司董事。

「好吧，那就請他於固定周五的會客時間前來。」和夫說話聲不似過去宏亮，他接著道：「不用太過憂慮，心安適比身體安適更為重要，我要回禪堂了，會客時間再談。」

西片大師在禪堂前，帶領底下徒弟頌讀講解《諸法無行經》[72]，和夫開刀後縮小的胃突然扭痛起來，吞下藥片後緩解不少，但冷汗已浸濕全身。

「大和師[73]，你知道何謂人執、法執嗎？」其他師父已回到禪房休息，西片大師對著獨自留下的和夫問道。

和夫搖搖頭。

「進入實修，即是拋下原本俗家的我，恪遵十誡來達到身心口業無所擾動的清靜境界。《成唯識論》第一卷說：「由我法執，兩障具生」二乘[74]，聲聞[75]、緣覺[76]，我執破了，仍

---

72 闡述諸法之實相，原無善惡之別。

73 出家眾之間，只會稱呼某某師。

74 聲聞乘和緣覺乘。以上二乘又分為愚法二乘——聲聞緣覺二小乘，迷執自法；不愚法二乘——與愚法二乘相反，他們善知理法，進入大乘境界。

75 聞佛說四締法之音聲而悟道的人。

76 又名獨覺，或辟支佛。於佛陀在世聽佛說十二因緣之理而悟道者，名為緣覺；若生於無佛之世，觀諸法生滅因緣而

是有法執，所以不能見性[77]開悟。」西片大師停頓了會「或許我說的太深，大和師父常誦唸的《坐禪和讚》裡，說明人人皆具足佛性。出家修是修行、入世修也是修行，若大和師在大接心的苦修中，能體悟動靜皆禪的道理，相信回到俗世中繼續持戒修持並非難事了。」

「大師父，目前我只知道要每日反省並努力累積善行。至於動靜皆禪是否就是一心不亂專注一事呢？」和夫問道。

「呵呵呵～你早就在做了不是嗎？」

京瓷集團總部的五樓秘書室，電話聲此起彼落的響個不停。

「森田秘書長，日本放送電視台還是希望能採訪稻盛名譽會長。」一位新進的短髮年輕女職員按下保留鍵後，從隔板探頭問道。

「妳說是已經打來三次的週間新聞藤井記者嗎？先前會長在舉行剃度儀式時，就開放讓

自行悟道者，名為獨覺。

77 見性：見到自己的真性，也就是父母未生前的本來面目。

他們採訪拍攝了，怎麼還在窮追不捨？」森田忙著整理手中的文件，無框眼鏡從鼻樑上滑了下來，卡在渾圓的鼻頭。和夫退任為京瓷名譽會長後，森田直行依然擔任秘書長的位子。

「別忘了，不管媒體打來幾次，一律回覆『稻盛會長目前在清修靜養中，暫不接受媒體專訪。』」森田說道。

「好的。」短髮女職員怯生生的應聲道。

「森田君，日航的旅客營業總部部長還在等候回覆，一小時前有打電話進來再次詢問。」滿頭白髮的濱本匆匆推門進來，還抱了一疊計畫書，上週轉調去鹿兒島京瓷飯店的他，仍放不下原先負責的總部協調事務，三天兩頭往京都跑。

「日本航空……記得我們並沒有跟他們有生意上的往來啊？」森田摘下無框眼鏡，瞇著眼回想「該不會是那位吧！」

濱本點點頭並接著道：「四十年前松風的老同事岡田孝一，在日航空工作好些年了，不知為了什麼，非得要找稻盛會長不可，也許是私人因素吧？」

「不太可能，若是私人問題會直接打電話到會長家裡，而不是以日航營運部長的身分找到公司來。」森田拿起鏡布擦著鏡片，表情顯得若有所思「不然我親自告訴他，請他等會長結束寺院修行後，再幫他安排會面好了。」

岡田孝一掛下電話的手有點不穩。

終於等到京瓷集團總公司的回覆了，但仍無法在近期見到和夫本人。

身為日航主管卻對下屬們所遭受的委屈無能為力，在有心人士的操作下客艙機組員工會又獨立分裂出來，如此一來人員內部間的溝通又更難上加難了。

他將身體埋進旋轉椅，看著桌上的立框，照片裡三個人在晴空下笑得非常開心。

年輕的他站在中間，兩手搭在好友肩上，左邊是當時擔任工會委員長濃眉大眼一身熱血的遠藤，右邊是有著深邃酒窩的高橋機長……但遇難的高橋卻永遠停留在三十五歲。

御巢鷹山空難[78]……這是留在公司的老員工心裡永久的傷痕，也是老一輩日本人心中的痛。

拉開抽屜，裡頭放著已經寫好的退休申請書，他打算離開日航了，這個讓人無力回天的地方。

78 一九八五年八月十二日，（日本航空一二三號班機空難）於日本群馬縣高天原山，因後端壁破損當修理導致垂直尾翼脱落以及液壓油洩漏，從而導致飛機失控。造成五百二十人不幸喪生四人受傷。

六十五歲的岡田挺直鼻樑下兩側凹陷的法令紋及眉頭間深刻的紋路，讓他的外表更顯滄桑。

他有點後悔為何不在十多年前在機場巧遇和夫時，直接厚著臉皮追隨他進入京瓷，就不會遇到後面這些讓人痛苦的事了。

本來他還想抓住最後僅有一絲希望，拜託在政商兩界聲譽卓越的和夫來指點他如何成功周旋在管理階層及工會間……但，已經來不及了，下週董事會重新選舉時一定又是菊池當選……這個對打壓員工權利毫不手軟的冷血劊子手。

他看著漆黑的夜空長長嘆了口氣。

面對接連而來的訪客，和夫決定提早半個月結束在圓福寺清修的日子，好好回到社會為大眾繼續服務。西片大師在他剃度前就對他耳提面命「要為社會貢獻，才是他成佛之道」。其實是否悟道成佛他並不在乎，只要讓自己的靈魂成為充滿愛、真誠與協調便心願已足。

十月的京都飄下細雪，初冬漸寒的街道上行人有些稀稀落落。

看著片片雪花，與一群年輕僧侶托缽化緣的和夫突然憶起三十多年前，公司第一次突破生產技術極限，將一百萬顆[79]合格的積體電路基板裝運出貨時，二十名員工在雪中歡送的情景。

黃昏時分，雪停了。

全身疲憊不堪的和夫腳下的草鞋鞋底早就磨破一個大洞，原先癒合的傷口又開始淌血，裝滿米糧沉重的頭陀袋似乎隨著步伐的邁進越來越重，和夫虛乏吃力地跟在後面慢慢地走著，背後的汗水將僧服黏成一塊。

穿過公園就回到寺院裡了，很快可以休息。

和夫在心裡鼓勵著自己。

沙、沙、沙

水池旁年老的婦人正在清掃落葉，不知為何她停了下來，默默地走到僧侶隊伍的最後面。

「師父。」她伸出黝黑粗糙的手，拿著一枚百元硬幣對和夫說：「您看起來累壞了，趕

79 當時訂單總數額為兩千五百萬顆，每個月必須出貨一百萬顆。

快去買個麵包休息一下。」

看到眼前老婦人的舉動，霎時間和夫全身竄起一股電流，瞬間被溫暖而幸福的感覺包圍住。

空氣彷若凝結一般，讓和夫忘了呼吸。

和夫接下布施並無意識地雙手合十，開口道：「非常感謝您。」

他全身細胞都因為喜悅而顫抖著。一個絕對稱不上富有的老婦人，卻擁有如此美麗的心腸，他被老婦人的仁慈善良感動到久久無法自己，甚至忘了身體的疲憊痠疼。

不記得老婦人何時離開自己面前，也不知道何時走回到寺院，沉重的頭陀袋也變得很輕，輕到走路都飄飄然，甚至連破皮的腳板都不痛了。

盤腿坐在禪房內，和夫內心湧現前所未有的寧靜。

所謂人生至福莫過於此吧！

這……應該就是佛陀的愛最明白的表現了……無私、慈悲、同理、體諒與奉獻！

人間至善莫過於此啊！

拯救垂危的日本航空

第四十五屆眾議院議員總選舉前夕。

京都祉園附近的石板路上，仍殘留午後雷雨未乾的水漬，一處古樸深幽的日式庭園外，和服女侍正準備掛起「暫停營業」的木牌。

民主黨的創黨成員全都齊聚在祉園內高級茶坊的秘密包廂內，除了特定人士外，沒有人知道這地方的存在。

「深耕多年，終於等到今天。來、來來……這杯酒先敬大家。」小澤先生率先舉杯道，淡眉下的小眼流露出內斂溫厚的喜悅。

「讓我們先慶祝即將到來的勝利。」菅先生也一同舉杯飲下。

背對門廊而坐的前原端著酒杯不動，眼神停留在仙鶴般削瘦的男人身上。

包廂一側是大片的玻璃，放眼望去滿是綠意的園林造景，樹影間還隱約看到金碧輝煌的寺院。

此刻，半敞的窗吹進陣陣雨後清爽的氣息。

削瘦的男人閉眼深深吸了口氣，不急不徐地開口道：「由衷感謝各位這十年來的堅持及努力，我鳩山由紀夫在此謝過大家。」這才舉杯大口飲盡。

這時包廂內杯觥交錯，勸酒聲不斷。

「若真的一舉拿回政權，後續所要面對問題還可真不小。」鳩山面色突然一凝「目前的泡沫經濟、少子化、房地產崩跌十年，還有社會照護……等。尤其是航空界。」鳩山話說到一半停了下來。

「自民黨對於日本航空的處理態度若持續下去，就像將大把的資源投到深不見底的黑洞。」旁邊有人接話道。

「這沉痾已久的病就算是企業再生機構出面，日航也是會再度破產崩塌……如同病入膏肓再如何救治也是枉然，聽說御巢鷹山空難還沒發生之前，也曾有位工會的委員長直指公司問題所在，不惜發起罷工也要管理階層重視後備維修……但，這位正義的委員長因此得罪管理階層，被改派流放到非洲當一人經理十幾年……唉～到了現在內部的員工已在有心人士操作下，分裂出高達八個工會。」有人感嘆道。

包廂內陷入沉默。

「一切都等明天吧。」鳩山緩緩說道。

京都　伏見區。

樓高二十層簡樸中帶有強烈科技感的灰色建築，在陽光下閃著耀眼的光芒，一側牆面滿布數百片太陽能面板，正隨著陽光的角度自行調整方向。醒目的建築物最高樓層外掛著「KYOCERA」，代表日本第一京瓷集團的字樣。

內部一樓近百坪的美術館，展覽著當代新銳藝術家的畫作，名譽會長稻盛和夫站在高挑的門廳內，與一群關西財經界的好友們正互相寒暄。

將京瓷、KDDI[80]的經營交棒給專業經理人，自己退居第二線，心力持續投注在社會公益活動上，如：在世界各地培育中小企業家的盛和塾、一九八四年成立的稻盛基金會及亞洲諾貝爾獎〈京都賞〉的年度頒獎。

---

80 西元兩千年時，稻盛和夫創立的DDI正式與KDD、IDO合併，經營主體仍以DDI為首。

一陣急促的腳步聲從電梯口而來。

「稻盛會長，藝廊開幕茶會結束，請您回到專屬辦公室……」走到和夫身旁的隨行男秘書還沒站穩，又低聲附耳說了幾句。

和夫聽了隨即面露喜色的點了點頭。

「非常感謝大家的到來，給我們京瓷美術館增添了不少光彩。」和夫彎腰對著一旁四、五位政商人士握手道。七十八歲的他，除了額頭眼角添了許多皺紋外，挺直的脊梁及氣勢根本看不出已至古稀之年。

回到第二十層樓專屬辦公室的和夫，很快拿起電話迅速撥打。

「恭喜啊～誠司。」和夫開心祝賀道。

「這真是托您的福。」前原在電話中的聲音特別爽朗。

「民主黨贏得了眾議院大選，奪下三百零八席，真的是太好了。」和夫笑著說。日本長年以來都是自民黨[81]一黨獨大的局面，這一次民主黨的勝選打破近五十年的獨裁，成功實現

81 自由民主黨。

一九五五年以來第一次政黨輪替。

「稻盛先生，大選重新組閣後，我再找時間登門拜訪您。」前原說道。

「好好，好～」

和夫是少數與在野多年的民主黨友好的企業家之一，他認為一黨專政過久，不利於國家社會的進步與整體建設的發展，就如同他早年創辦第二電電公司的道理相同，寡頭事業容易招致腐敗。

民主黨勝選奪下政權後，半年來京瓷大樓第二十層的訪客幾乎是絡繹不絕。

電梯廳右側的秘書室裡，伊藤社長不安的來回踱步，森田秘書長則是專注對著電腦查詢比對資料。

「稻盛會長都快要八十歲了，還三番兩次前來拜託他。」滿頭豐厚白髮的伊藤眉頭皺的老高。

「別擔心～他們只是來諮詢會長意見……更何況重整人選呼聲最高是日本電產的永守會

長，還有國鐵的資深高層、東京電信界的大老。」森田由於長年待在秘書及公關處，與媒體界互動關係良好，時常得到第一手資訊。

「若是如此再好也不過了，畢竟我們會長辛苦大半輩子，五十多年來忙著開創事業，閒暇之餘還投身公益活動，至今都沒好好的休息過。日本航空的問題不是一朝一夕可以解決的，這次宣告破產下一次又不知道何時又再破產啊！」伊藤嘆道。

桌上電話橘紅色警急燈突然亮了，森田按下通話鍵。

「半小時後，首相車隊將抵達，請做好準備。十分鐘後第一批安檢人員到達，安全隨扈會在二十分鐘內巡視所有樓層。」話筒傳來平板制式的聲音。

深夜，和夫的座車在家門口停了下來。

和夫臉色凝重的走進客廳，朝子接過他手上的公事包及外套，用眼神示意旁邊回來過夜的二女兒及女婿暫時別出聲。

和夫沒有注意到二十坪大的客廳一角有其他人，面無表情的逕自上樓。

換上慣穿的棉布浴衣，他站在窗邊瞭望遠方靜謐的夜景。

我只是航空界的門外漢，哪有什麼能力將負債虧損兩兆多日圓的日本航空，重新整頓步上正軌呢？畢竟我已老邁，商場上的競爭應該交給年輕一代，才能真正為社會注入活血。

想到這裡，鳩山首相懇切的身影突然躍入腦海。

和夫閉眼沉思了一會，走進客房點燃檀香，誦唸佛經後開始盤腿靜坐。

諸法因緣生、諸法因緣滅；法不孤起，仗境而生。凡一切世間有為法，皆因在各種因緣條件和合之下，才能呈現境緣的暫存現象。《楞嚴經疏》：「聖教自淺而深，說一切法，不出因緣二字。」如同播種種子，必須澆水、施肥，有充足的陽光空氣，才能長成一棵大樹；有種子的因，泥土、陽光、空氣的緣，這些因緣俱足了，而有一棵大樹的果。

有情生命皆由「十二有支」[82]因果相續而成，表現世間事物的生成，則為「因緣所生法」。

平穩的思緒流過和夫心頭，佛經法理的字句片段像浪潮般地湧現。

82 無明、行識、名色、六入、觸、受、愛、取、有、生、老死。

現今執政的政黨，是我稻盛和夫一向支持的民主黨，面臨難題的國土交通大臣又是相識多年的前原……多次拒絕之下，鳩山首相還紆尊降貴的撥空前來京瓷總部。

看來是緣份也是責任的到來啊！

經過一週潛沉的思考後，年邁的稻盛和夫在國土交通大臣的陪同下，前往首相官邸。十二月的冬夜，大批媒體蟄伏在東京區永樂町，數十輛國內外採訪車停滿官邸前廣場。步出官邸的和夫表情十分嚴肅，與前原大臣一前一後的離開戒備森嚴的門廳。

面對窮追不捨的媒體記者，和夫停下腳步任憑刺眼的閃光燈不斷閃爍，等到所有記者手中的麥克風都拿穩後，才緩緩開口道：「如果日本航空真的徹底破產，日本的經濟可能因受到拖累而變得更糟糕，因此必須阻止這樣的事情發生，所以我將會協調各方的力量，儘快使日本航空度過難關，重獲新生。」布滿歲月痕跡的臉上泛著紅光，剛毅的神情下透漏著過人的意志。

接受日本政府的請託，承擔重整日航的重責大任，和夫知道外界有掌聲也有噓聲。縱然京瓷及 **KDDI** 內部追隨他三、四十年的老部屬及家人們，沒有一個贊成他接掌宣告破產上市股票幾乎成為廢紙的日航會長[83]……甚至有些外界媒體傳言他將會晚節不保……

忍住強光照射的不適，回答完記者最後一個提問後，在媒體的簇擁下坐上車的和夫，看向遠方挺立耀眼的東京鐵塔。

代表日本政府的鳩山首相、國土交通大臣前原……懇切的面容浮現在眼前。他知道他必須站出來接掌這棘手的職位，為了日航的員工、為了廣大的日本人民、為了讓日航擺脫對政府依賴、為了重振日本國內已經衰頹許久的經濟。

一週後，稻盛和夫正式接任日航會長，並以新任會長身分正式對外發言：

在此就任會長之時，請允許我談談自己的想法。

日本航空於一月十九日申請適用《公司更生法》，將在企業再生機構的協助，邁向重組的步伐。

選擇透過法律程序進行重組，是否會嚴重損害日航迄今所建立的品牌形象，使員工士氣

83 更生三企業——日本航空、日航國際、日航資金的會長（董事長）。

低落、或對飛機的運行造成障礙？這種憂慮的聲音有很多。

儘管如此，托大家的福，日航集團的營運沒有發生任何混亂，乘客和以往一樣搭乘我們的班機。這也是全體員工在如此嚴峻情況下仍不忘珍視乘客、沒有失去在日航集團工作的自豪感、拚命努力的結果。

我今日就任了日航的會長，但對航空界完全是個門外漢，對日航集團的業務內容和經營狀況也不是很瞭解。從上週起，我用七天的時間努力學習，終於對整體有了大概的認識。

……換言之，企業最重要的財產就是匯聚在這裡的員工，就是員工的心。如果每名員工登能發自內心盼望重組、發自內心的配合，我堅信這個企業就能持續發展……

我希望經營幹部和第一線的每名員工都能齊心合力，以更溫馨的姿態、更明朗的態度接待乘客，使日航重新成為深受客戶信賴、喜愛的企業。

和我們日本航空一樣，在日本還有全日空這樣具有代表性的企業。我們追求的不僅是日航一家的重組及繁榮。更希望兩家航空公司能彼此切磋，為日本經濟乃至全球經濟做出貢獻。

我雖然年事已高，但決心粉身碎骨竭盡全力。衷心希望大家能給予我大力幫助。這就是我就任日航董事長的致辭。謝謝大家。

存活率百分之七的生死戰

岡田孝一坐在車內已經一小時了，昏黃的街燈下他套上厚大衣，下車按了黑色大門旁的電鈴。

「請進、請進。」須永朝子一身淺藍色和服應門，很快的帶他往二樓的起居間。

「非常抱歉，今天下午的訪客停留較久，和夫沒辦法在一樓等您。」朝子脖子微彎，露出一截白皙的頸項。

起居室的拉門開啟，從裡頭與和夫一塊走出的日航新任社長大西先生對著岡田點頭示意，又繼續對和夫說道：「總之依據帝國數據銀行針對過去五十年來申請適用公司更生法的企業，追蹤調查後發現，在一百三十八家申請適用的企業中，有四成的企業再次經歷破產或清算第二次經營失敗而倒閉。當中僅有九家公司成功讓股票重新上市。」一身深色西裝方頭大耳的大西，專注向和夫分析適用更生法公司的歷年狀況，沒有特別留意岡田。

和夫側身對岡田比著請進的手勢，才陪同大西下樓。

岡田過去在日航與大西分屬不同部門，所以從未見過面，他以為大西是京瓷集團的重要幹部之一，沒去留意他們的對話，逕自找了個位子等待。

岡田喝著熱抹茶，正要放下杯子時，和夫終於回到起居間。

「真的是好久不見了，一別三十年！」和夫笑著說。

「知道你將接掌日航重新管理整頓一番，身為日航老職員的我說什麼都要來見你一面，電話裡說不清楚啊。」岡田露出淺笑，鼻側兩旁深刻的法令紋讓他顯得特別蒼老。

「在日航服務四十幾年了，有些事不得不提醒你……」岡田提到日航嚴重的勞資問題「經營高層與第一線的工作人員彼此間的不信任，讓航行運作上出現不少狀況；工會早在兩、三年前就已經向高層提出『客機專屬整備制度』，無奈等到出了事才真正的引進執行……」岡田跳過御巢空難事件及被公司流放在外長達十多年的遠藤前工會委員長，避重就輕地說道。

「任何事故的發生原因都逃不開人心的背離。」和夫幫岡川沏滿剛刷好的抹茶「平時有接觸佛法嗎？」

岡田表情有點複雜。

「我三十多歲時曾對佛家的論點產生質疑，然而一場天文物理學家的演講卻堅定了我對佛法的信念。宇宙是由極細微的粒子從無到有一瞬間膨脹而成，它可以不斷的重複創造、發展是因為『善而向上』的意識，也就是金剛經所闡述的『空性』。若人類的貪婪自私與宇宙意識背道而馳則必然會走向失敗。」說到這和夫停了下來，從茶桌旁的木櫃中拿出一本精巧的書。

「這本是年輕時給我相當大啟發的中國古老典籍《陰騭錄》[84]，希望可以給你帶來心安。我想等你看完後，我們再來好好聊聊吧！謝謝你告訴我日航的事，未來的發展我相信它會愈來愈好。」和夫打開微敞的氣窗，夜裡涼風吹了進來。

「這麼久沒見，我們聊點其他的吧。」面對三十多年沒見的老友，和夫知道岡田想到提醒他的是什麼，但面對即將展開外人看來艱困的重整之路，他心中早已有了定見。

84 作者為明代袁了凡，敘述命運與因果法則的書籍，強調既定的命運可由因果法則——思善行善而改變將來的命數，向好的方面轉變。

二零壹零年一月。

關西國際機場禁區，三、四名空姐一下計程車便踩著高跟鞋拖著行李，步伐凌亂的跑進航班櫃台。

「這麼早就來了……」櫃台裡藍白色套裝脖子同樣繫著花絲巾的職員對著同事驚訝道。

「CX121飛往倫敦的航班不是在五小時後才起飛嗎？預備程序又還沒開始……」方臉小眼的內勤人員不解的問道。

「昨晚看到新聞報導說公司破產已經在申請適用企業更生法……」站在最前方濃妝梳著包頭的空姐慌慌張張地繼續說「麻煩請先給我們簽到簿。」

其他同樣裝束的空姐則小跑步的往電腦區查詢執勤任務。

「有、有有，今天所有的航班都正常。」電腦前查詢任務航班的空姐喊道。

「妳們在緊張什麼？」地勤主管大步走了出來「日本航空是國家重點企業，妳們在慌張什麼。」地勤主管語氣有點不悅。

一旁的日航職員突然安靜下來。

「今天晚上七點，新任的稻盛會長會前來視察，妳們整備工作更要仔細再仔細。」瘦高的地勤男主管吩咐著。

「是……」被斥責的職員們低頭小聲說道。

等到地勤主管離開辦公區櫃台後，內勤人員不安的交頭接耳。

「新任會長好像是世界知名製造業的創辦人」

「聽說他非常嚴厲對事情的要求也很多……」

「怎麼辦……新任會長來視察一定會把我們臭罵一頓，畢竟日航破產連股票都變成廢紙……雖然每天一千個航班仍正常起降我們也正常領薪水，但那些都是政府投下的營運資金在幫我們運作的。」說話的內勤人員忍不住掩面痛哭。

東京都品川區。

日航董事[85]們及兩百位日航高級幹部聚集在總公司二樓機翼廳。

目光炯然的和夫站在台前，介紹他帶來的新進團隊。

「森田直行是京瓷集團公司的管理顧問長。這是大田嘉仁，我過去的秘書長。這兩位將

85 在日本也稱為「取締役」或「代表取締役」。

擔任特別助理的職位。」

兩位體格相似，氣質卻迥然不同的六十幾歲京瓷資深幹部站了起來，回頭向後方人員點頭致意。

和夫婉拒各方推薦的顧問團隊及熟知航空業的專業經理人，只帶了兩名京瓷集團的高階主管便走馬上任。

面對台下詫異的眼光，原本帶著慈藹笑容的和夫，突然話鋒一轉嚴肅說道：「身而為人，都有想要輕鬆賺錢成名，這種利己的心態是很正常的。不過每個人都還有另一顆心，不抱怨、不囉嗦想要無私的幫助別人做好事的美麗良心，也可稱為利他心。除非去努力喚醒它，否則不會出現。讓我們一起為正義吃苦吧……因為如果這麼做人生的美好必定會迎面而來。」

日航的資深幹部們流露出不可思議的眼神，愣愣的看著台上精神奕奕的新任會長。

「什麼是經營企業的目的？提供客戶完善的服務？還是提高利潤？」和夫目光往台下掃視著「我認為經營最大的目的，就是追求員工的幸福。」

正在仔細聆聽的日航幹部們，無不表情各異的呼吸一窒。

「雖然我年紀大了，也還有其他工作要做，不能每天來日航。所以我不領薪水，每週只固定上班三天，但無論如何我都會完成這次的重整計畫。」和夫停頓了會，緩緩的繼續說「不為股東，也不為破產管理人。我打算做到讓經營目的提升到『追求全體員工物質及精神的幸福』，再開始著手重整日航。同時為了達到這個目的，我將會公開經營資訊讓所有員工看到。」

第二排特別席中，一位坐姿前傾僵硬，頭髮稀疏的董事聽到這席話差點腳軟，險些從椅子上跌了下來。

◇◇◇

接連幾天的大雨，東京的天空終於放晴。近郊的高爾夫球場廣闊的人工草皮被冬日的暖陽照得油亮亮的。

幾位五、六十歲的高級俱樂部球友們，正帶著球僮走向下一洞。

「報紙的專欄分析果然沒錯，這個從事製造業、技術出身的稻盛先生，根本無法駕馭重建的工作。政府只是想藉由他過去創建事業的功績來擺擺樣子，充其量只是花瓶。」戴著白色鴨舌帽的菊池日航董事，拿著一號木桿站在發球台上調整姿勢準備奮力揮出。

「昨天第一次開會都快把我給嚇死，說什麼為了員工的幸福而努力，還要將公司的營運數字透明化。」接話的另一位膚黑矮壯的水樹董事不禁咋舌道「激進工會一定會拿營運數字來向公司威脅加薪福利的，不然就是動不動罷工。我看再這樣下去日航不用三個月就完了。」

「哎呀～外行人領導內行人的結果就是這樣啊。」菊池董事摘下帽子露出稀疏的頭髮「對航空運輸業不僅一無所知，還拒絕外界一切的專業建議及推薦名單，到任時只帶了兩名京瓷的員工……真不知道這位老先生是真糊塗還是假糊塗啊。」菊池無奈的搖搖頭。

「初期還是靜觀其變吧！總是給請他來擔任會長的首相一點面子。」水樹董事聳聳肩兩手交疊撐在球桿上說道。

噪音刺耳的飛機整備室，和夫身穿日航藍袖白領的夾克，帶著專用安全頭盔一邊走動，一邊聽著工程單位主管的簡報。

測試引擎轟隆轟隆的聲音不絕而耳，他抬頭望著巨大飛機體旁登高梯上的維修人員。

和夫接任日航會長後，便不斷地親往第一線工作現場巡視，藉以瞭解工作狀況一方面也為大家灌輸過去五十多年在企業經營上所累積的經營哲學。

「會長，現場乘務員都已集合在簡報室。」地勤主管快步走向和夫耳邊說道。

和夫低頭詢問現場工程師幾個問題後，與一群高級幹部搭上巴士趕往機場另一頭。

「我們新任會長真是體力驚人。」目送高層經營團隊離去的隊伍裡，有人出聲說道。

「據說不分平日周末跟所有子公司的董事長[86]進行一小時面談。」

「天吶，一百多間子公司不是就……一百多個小時。」聽到的人不禁驚呼。

半年後，由鳩山政府指派的稻盛團隊，仍沒有積極插手經營的跡象。

總部三十坪挑高五米的中型會議室，例行的經營彙報正進行著，二、三十位主管輪流在台前發言，最前方的和夫靜靜地聆聽。

和夫上身微傾，面無表情地將雙手交疊在膝前。

龐大的年金債務、不符成本的航線、盤根錯節的八個工會、無法當月即時交出的營運數字……。這些都只是浮現出來的問題，真正的核心在於……

86 日本又稱為日本取締役。

「你這麼說對嗎？這個計畫你會負責嗎？你是後面責任的歸屬者？」和夫突然打斷台前企劃總部核心幹部的報告，大聲問道。

講台前的幹部臉色一陣青一陣白。

「最重要的是，你要如何去實行？我沒有時間跟你談這種空口白話所畫出來的大餅，你可以回去了。」和夫直接毫不留情的將正在報告的幹部趕了下來。

「企劃部真的只要做決策，而不用在乎第一線工作的航運、客艙、機艙、整備部門最後實際執行結果所計算出成本嗎？像你們這樣做事，就算交給你們經營一間蔬果攤，可能也沒辦法應付吧！」和夫板起臉孔道。

「下午兩點，所有幹部及董事們繼續到二十五樓董事會議室開會，今天各部門單位的報告先到這裡。」說完立刻拿起文件推門離開。

看著稻盛會長拂袖離去的身影，大西社長粗黑的眉毛擰在一塊，嘆了口氣。

「新任會長真的有實力解決這些複雜的問題嗎？」看盡日航殘酷現實面的池田博董事，跑到大西身邊問道。一九七二年就進入日航服務的他，若公司沒有宣告破產的話是前任西松會長手下的第二把交椅；他很清楚封閉的各部門只朝各自喜歡的方向在運作，比如經營企畫部作出目標五百億計畫，有些部門絲毫不覺得自己是當事人，甚至抱持著「要誰來賺那麼多錢？」的心態。還有工會、政治再來湊一腳，導致日航在「沒有人出面負起收支責任」下，墜入虧損的深淵。

「我想應該可以吧。」在新任會長尚未正式接任前，曾登門拜訪稻盛和夫多次的大西，深刻的體認過他的京瓷哲學及經營手腕的過人之處，但日航畢竟是龐大的官僚體系且沉痾已久，與京瓷、KDDI又是不同業種……連自己都沒有十足的把握啊。

暫時回到會長辦公室休息的和夫，與素有京瓷經營參謀之稱的大田嘉仁，審慎的對即將要實行的教育改革做一連串的沙盤推演。

「人事部門的溝通出現問題，他們分不清楚管理者教育與領導者教育有什麼差別。」大田的長臉露出苦笑。半年來的觀察讓他發現，經營團隊嚴重缺乏身為領導者的意識。明明自家公司發生重大的危機，卻如此事不關己；沒有橫向聯繫的部門，也沒有人願意從防空洞裡爬出來。

「需要延後三個月再執行嗎？」和夫歛下眉眼問道。

「會長不用擔心，上個月成立的『意識改革推展籌備室』的成員，我有把握說服他們去執行最理想的版本。」大田腦海裡跳出籌備室幹部當時聽到是自己要當主持人及講師，而非委託顧問公司來做的惶然失措。

日航幹部心中深植著一流企業舉辦研修活動時，要符合一流企業作風的刻板印象，所以教育改革必然要委託大型顧問公司來做才是，沒料到稻盛會長所帶來擔任專務的大田先生卻……。

「那就這麼辦吧。」和夫摘下眼鏡，揉了揉眉心。

大田嘉仁一闔上厚重的門，和夫便開始閉目養神。

真是一場硬仗啊！

佛陀的四十二章經的經文中「夫為道者，譬如一人與萬人戰，桂鎧出門，意或怯弱，或半路而退，或格鬥而死，或得勝而還。沙門學道，應當堅持其心，精進勇銳，不畏前境，破滅眾魔，而得到道果。」

和夫心中浮現在圓福寺與師父們研修佛經時的情景。

一心不亂即禪定，在定中參悟萬法的真理。所以陷入困境，即是因被自身的八萬四千種煩惱障蔽，抑是為魔障。唯有修慧精進才能喚醒自身本來自性，進而智慧湧現，魔障不破而

破。

修慧精進才能破滅魔障啊！

沒有時間好好吃午餐的和夫，隨便吃了一個樓下便利超商買的三角飯糰後，繼續全神貫注在眼前從各部門送來共五張A3大小的報表，仔細查看各個數字間的連帶關係，仔細找出問題所在。

「董事會議室裡，都已全員到齊。」秘書從內線打來通知。

和夫掛回內線後，按住微微悶痛的胃，很快的吞下藥片又趕往二十五樓。

「你們已經讓公司倒閉過一次。照理說，此時此刻應該在就業服務處找工作才是。」下午會議一開頭，和夫就對著底下的人嚴厲說道。

「從現在開始，我們將要展開一系列的領導人課程，因為你們連最基本的道理都只有表面知道而已……首先要不說謊、不騙人。明明公司破產要從四萬多名員工裁員近兩萬名，你們有直接走到第一線跟員工說抱歉，請他們原諒……你們做到了嗎？」和夫直視著底下的董事及高級幹部們。

「身為公司的高層主管，不是眼睜睜的看著被強迫提早退休或資遣的員工默默地打包走人，而是要有『同體心』。拿出真心誠意的跟他們說因為破產，再生支援機構介入後，無法繼續保護他們……你們說出實話了嗎？」雖然知道日航必須在月底前提交重整計畫給法院審核，截止日期迫在眉睫，經營團隊及一線員工都忙著計算出公司能銷減多少固定費、預估將來確實利潤、擬出成功率高的成長策略……等外，日常航行業務也得正常執行。但是和夫必須要說出重話，日航不能再躲在象牙塔內，務實的面對一切，才能有契機來解決問題。

看著日航董事及高級幹部如戴上能劇面具般的面孔，和夫在心中悄悄嘆了口氣。

「要有真誠、認真、無私希望他人變得更好的利他心……」

角落一旁的經營幹部們，突然低下頭來竊竊私語。

「為什麼在我們忙得要命的時候，還要聽他說這些國小公民與道德課本的內容呢？這個非常時期，底下的員工都忙得火燒屁股時還得丟下他們來上什麼研修課。」說話的人還張望了一下四周，深怕引起別人注意。

「可是稻盛會長的兩間公司京瓷和 KDDI 的營業額加起來有五兆日圓吶，一個能從零創造出如此佳績的企業家必定有什麼過人之處……還是姑且聽聽吧！」坐在前一排的池田董事突然轉頭對著悄悄說話的幹部們低聲道。

站在台前年邁卻不見老態的和夫，中氣十足的繼續說道：「把應列入這個月的費用攤到下個月，往後拖延問題；或是其實是被競爭公司搶走客戶，報告時卻說是『景氣不好』；只要是商業人士應該都做過一兩次這類的事吧。」和夫嚴厲的表情換上了慈祥的笑容「……不可以說謊的道理，或許你們覺得這要求很簡單，但其實非常困難……」他滔滔不絕的說著，時間不知不覺過了兩個小時，卻不見和夫喝過一口水。

「你們都比我的小孩年紀還要小，就把我當父親看待也無妨。」和夫說到這，原本死氣沉沉的高階幹部發出了笑聲。

和夫嘴角微微上揚，停頓了一會後說道：「所以等一下會議結束後，請大家留下來參加聯誼會跟我喝一杯吧，開會前航務部的川名都已經跟你們告知了，還請大家踴躍參加啊！」

近五十名參加會議的董事與幹部們，陸陸續續地起身走向收取聯誼會會費的長桌，面容清秀梳著包頭的川名由紀正忙著點收費用。

一名助理提著大袋子，將魷魚乾、瓜子、啤酒拿出來俐落整齊的排放。

「對不起，我先告辭了。」五、六位董事拒絕和夫的邀約，藉口要趕回去幫忙加班的部屬或回家處理事情，匆匆離開會議室。

「董事會議室專門在決定公司重要政策的神聖場所，竟然被稻盛會長拿來嗑瓜子、喝啤酒聊天……」

「是啊，那個從製造業過來的老頭子，根本在阻礙我們做重整計畫。」

菊池董事跟著另一位企業再生機構的成員走出辦公大樓，一同等待司機時彼此互相抱怨著。

不可思議的V型反轉

三味弦的聲韻蕩漾在空氣中，藝伎撥弄著弦輕喃唱道：

曾幾何時髮已亂

人間皆作如是說

雙蝶狂舞花叢中（過門兒）鏘　咚

舞妓們扭動柔軟的腰肢、踩著小碎步來回蹬踏。

「池田還沒來嗎？」黝黑的水樹董事聽著輕柔的曲調，欣賞一字排開的六人舞妓，整個人眉開眼笑的端著清酒扯著嗓門問道。

「大概是不來了，我們先喝了吧。與其留在那喝啤酒聽老人嘮叨，不如在這裡自在快活些。」光頭的大川董事斜靠在年輕的藝妓身上，摸著肥胖的肚子說道。

「反正要在日航存活，最重要的就是見風轉舵。」水樹董事放下酒杯起身坐直「大西、植木那派，被池田雖被稱為小毛頭軍團，實力也不容小覷，計劃執行方面都相當得體。」植木是破產之後被選拔為高層董事的機師、大西是跟隨稻盛的現任社長，過去是整備部的部長。

「是嗎？」閉眼任由藝妓揉捏的菊池董事冷笑道「年薪三千萬還在吵著要錢加薪的機師工會出身的人，你想會有多得體。」在複雜的工會體系中，菊池最擅長從中見縫插針挑撥工會間的矛盾，而後在錯綜的政商關係中取得有利地位。並非他不希望看到破產負債高達兩兆的日航重整成功，是太清楚日航的骨幹早已被官僚體系給侵蝕殆盡。

「別這麼說～就事論事……植木相當認份努力，對於加薪的部分，他也從不在乎……不過話說回來，池田到底跑哪去？有看到他走出會議室啊。」水樹董事問道。

「他留在會議室參加聯誼會了。」菊池拍了拍手，請女侍進來換菜「這樣也好，可以向他打聽會長到底在弄什麼名堂。」

「上點醒酒茶跟小菜吧。」菊池向女侍吩咐，又轉頭對著其他人繼續說「明天早上九點還有預算報告會議，今晚可不能喝太醉。」

萬里無雲的天空，炙熱的陽光將忙碌的東京街頭蒸騰的快要融化。

池田結實壯碩的身軀深埋在旋轉椅，五十五歲的他重視健康保持運動習慣，除了眼角的皺紋及鼻旁兩側笑紋外幾乎看不出年齡。

一九七二年進入日航的他，有很長的一段時間待在日航集團的中樞部門——經營企劃部服務，兩千年時當選史上最年輕的執行董事，並輔助與他同梯當選的西松遙會長，在JAL[87]、JAS[88]合併案中擔任智囊團中的要角，若非破產池田將是繼西松之後最有力的接棒人。

他望著窗外繁華熱鬧的景象，七月的暑氣仍逼退不了上班族工作的熱情。

「除非全體員工都拿出認真的態度，否則重整不會成功。」

昨晚留在會議室參加聯誼時，稻盛會長的這番話在他耳邊久久揮之不去。

最後一位董事偕同破產管理人走進會議室後，室內燈光瞬時暗了下來，台前布幕隨著投影機的播放緩緩下降。

「針對接待室、維修整備、貨物郵務在亞洲、大洋洲及中國地區……我們投入兩億的預

---

87 日本航空。

88 日本佳速航空，一九六四年至兩千零二年，被日航合併前是日本第三大航空公司。

算分別在人事管理……因為國情不同餐飲及備品上的細節還得請專案經理策畫新一季的樣式……還有四億的預算……」

負責預算執行的大川董事，站上台開始說明如何執行十億元的預算。

「別說十億日圓了，我一毛錢也不會給你。」和夫突然打斷董事報告的議題。

會議室內的氣氛頓時凝結。

「會長，請恕我直言，這個案子之前已經通過預算了。」大川董事脹紅著臉解釋。執行董事會提出預算執行的議題，不過是一種儀式……。

「如果你以為只要提出預算就一定拿得到，那就大錯特錯。」和夫語氣僵硬，似乎在隱忍著什麼。

「你願意自己掏出十億日圓投入在這個事業上嗎？」和夫拍桌吼道。

「不……那個……」大川支支吾吾。

「你以為這十億日圓是誰的錢啊？公司的錢嗎？錯！這些錢是員工在困境中流血流汗賺來的利潤吧？」

「是的。」

「你沒有資格用這些錢。你可以離開了。」

大川被稻盛會長趕下台經過池田旁邊時，原以為身處董事經營中樞的池田會對他投以關懷的眼神，沒想到他深沉的目光卻停留在稻盛會長身上。大川心裡陡然一驚。

接下來準備上台報告的高階主管，各個忙不迭地低頭翻閱文件更改字句。

「你錯了！」

「不行！」

「你根本沒搞清楚狀況！」

和夫對著接連上台的董事及主管們連番砲轟，不斷否定經營團隊的想法。

會議室裡除了和夫以外的三十幾位與會者，幾乎全都被和夫一連串窮追猛打似的審問弄得精疲力竭、全身冷汗直流。

「五十幾年前我剛從家鄉的鹿兒島大學畢業，便進入京都的松風工業專門製造高壓絕緣體的公司……還記得當時松風遇到了經營瓶頸，眼看我苦心主持參與的開發案就要夭折……」和夫走到台前，分享他年輕時創業的故事——與七位同伴離開原本公司創立京瓷，廢寢忘食的工作，一心一意想讓京瓷成為「原町第一、中京第一、京都第一，進而全日本第一的工廠」。

原本緊繃的氣氛漸漸變得輕鬆，底下所有人聚精會神的聆聽。

「……身為一個經營者，我是這樣一路走來的。」和夫語重心長的說道。會議時間結束後講台的燈光亮了起來，和夫寬闊額頭旁的白髮彷彿矇了一層光暈。

灰濛濛的雲，被東方地平線初昇的朝陽染的層層火紅。

凌晨第一班從羽田機場飛往美國洛杉磯的日本航空 JL001 班機，在跑道上滑行準備起飛。

波音七四七航機宛如巨鳥般，緩緩從地面飛升到雲端。

待客機平穩地飛在平流層頂端時，空姐走進乘客的座艙巡查搭機旅客的狀況。

繫著藍底花色領巾的空姐，笑容可掬的穿梭在座艙，一邊點頭示意一邊留心旅客的需求。

結束例行的安全設備廣播後，擴音器傳來機長的聲音。

「各位乘客您好，歡迎搭乘日本航空 JL001 班機，由於工作職務的關係我不能親迎各位乘客登機，現在您們可以看右邊的窗戶，那特別突起的峰頂，就是日本壯闊神聖的富士山……」略帶磁性的嗓音，介紹著飛機底下不著雲霧的風景。

兩位靠近走道的男性乘客突然向前方的空姐招手。

「這是給妳們的，要加油喔。」年紀較大的男乘客遞出張紙片笑笑地說道。

「學姐、學姐……」別著「實習生」牌子的年輕空姐拿著小紙片快步的走進廚房，她張望了一下卻不見座艙長的身影。

「學姐～」年輕的空姐繞了一圈才發現座艙長蹲坐在置物間旁。

「妳也拿到了卡片了嗎？」座艙長低頭悶聲問道。

「是啊～」年輕秀麗的臉龐興奮地點頭。

座艙長不發一語起身拉開她上方的置物櫃。

「天……啊……」年輕空姐睜大眼說不出話來。

「當公司宣布破產必須裁員時，我好怕自己是一萬九千名其中的一個……保住工作後，我跟其他資深機務員都不太敢面對新任的會長……因為畢竟是我們這一群人害公司失去信用，在稻盛會長第一次來視察的那天，大家都有被大聲責罵的心理準備……沒想到……」座艙長斷斷續續的哽咽說道「沒想到……會長竟然…竟然說『公司的經營目標是追求員工物質及精神上的幸福，我會盡全力追求大家的幸福而努力』……」她再也忍不住的放聲哭了出來。

敞開的置物櫃上上下下，全部貼滿一張又一張數不清的卡片[89]，每張都寫著對日本航空祝福的話語。

年輕空姐忍著盈眶的淚水顫抖地握著手中的紙片，覺得一股熱流梗在心窩……久久無法出聲。

◊◊◊

二零一一年　五月。

停留在樹梢的殘櫻被風吹落，粉色花瓣在空中輕輕飛舞。

89 盛和塾的學員，於兩零一十年稻盛和夫就任日航會長（董事長、CEO）時，全球約共有五千五百位學員，計畫召集一百名親友，總計五十五萬來支援成立「五十五萬有志支援日航之會」；此後援團體不僅積極搭乘日航班機，還製作許多寫滿鼓勵話語的卡片，親手交給地勤、接待室與機艙服務人員。因為盛和塾的學員認為：稻盛塾長以義工的身分教導他們經營知識，為了日本經濟及日本航空的員工，他們也應該挺身支援幫助日航重建。

內閣會議結束後，菅直人[90]首相走進辦公室，一臉平靜地望著南側玻璃窗外的大片草坪。

門打開了，內閣改革後的新任國土交通大臣馬淵澄夫，領著企業再生機構[91]的高層躬身走進。

各自向首相行禮後，在油畫旁的長桌坐了下來。

「向您報告這一年多日本航空實施重整計畫的狀況：在確認重整前日航的總負債為兩兆三百三十三億日圓……」再生機構芥川委員長，語氣平板的敘說「更生計畫中共有十四項執行要項，分為短、中及長期可達的預期效果內容。從中削減飛機種類數量、調整航線[92]、集中資源、建構機動力高的組織經營體制、裁減人員[93]、修訂人事資金及員工福利制度、壓

90 接任鳩山由紀夫首相的位子，同為民主黨的第九十四代首相——菅直人。

91 簡稱 ETIC。

92 國內線由一百五十三條縮減為一百一十一條，國際線由六十七條航線縮減到四十七條。此外，在貨運航線方面，將貨運專用飛機除役，同時設立特殊部門，運用客機的貨艙送貨。

93 集團員工削減三成，將員工總數由兩千零九年的四萬八千七百一十四人減為三萬兩百六十三人（兩千零一十年底），並嚴格執行鼓勵員工提早退休、解雇整頓。

縮各類成本及出售非航運為主的子公司[94]……也因削減機材、放棄不合成本的路線，導致座位供給減少營業規模縮小，所以營業額比之前減少一千六百九十八億日圓。」

芥川委員長端起杯子喝水，等首相翻閱到下一頁，再繼續說道：「詳細的數字就如同資料所述，兩千零一十年綜合業績約為一兆三千兩百五十億日圓的營業額，與六百四十一億日圓的營業利潤……」

「等一下。」首相抬手請他暫停報告，專注盯著文件資料「這……」長期勤跑基層曬得一身古銅的菅直人首相，微彎的眼睛著睜的越來越大。

「更生計畫中的最理想獲利是六百四十一億日圓……但現在呈現的數字也太……太不可思議。」首相猛然站了起來，一旁的大臣及委員長也跟著離開座椅。

「一千八百八十四億日圓……一千八百八十四億日圓，是原定目標的三倍……足足三倍啊～」菅直人首相拉高了語調，幾乎藏不住內心的喜悅。這可是日本經濟史上的頭一遭啊！

「向您報告，包括超收益的一千兩百四十三億日圓，這是日本航空成立六十年以來的最

94 將當時現有的一百一十家子公司減少至五十七家。

高獲利紀錄。」芥川委員長臉上掛滿微笑的說道。

「太不可思議了……如此嚴厲的重整計畫，不但能切實執行還超越了所有人的期待。記得初期的更生計畫中，內部數字顯示在危險的邊緣徘徊，國內聲浪都看向日航將會邁向二次破產……」首相停頓了一會望著玻璃窗外澄澈的藍天「到底稻盛會長主持下的日航集團，在這一年四個月的時間裡發生了什麼事……竟然如此神奇。」日本國內的人都知道稻盛會長是虔誠的佛教徒，難道是……。

兩千零一十二年三月，日本航空當期的營業利潤更進一步達到了兩千零四十九億日圓，同年的九月日航股票在東京證券交易所重新上市；從破產到股票重新上市，僅僅花了兩年八個月時間，創下史上最短紀錄。

三月十九日，一百多位國內外記者，群聚在東京品川區的日航總公司二樓機翼廳。強烈的燈光下，和夫與植木董事同時現身在媒體前。

「感謝大家百忙當中前來參加日航國際記者會，在此容我說明四月一日起即將開始實施的新體制……未來將由大西賢會長和我本人，以『稻盛灌輸給我們的經營哲學』、『部門獨立核算制度』為兩大支柱，秉持虛心求教的態度站在前鋒繼續努力下去。」植木董事面對底下媒體記者緩緩說道，短眉下的眼睛流露出濃濃的不捨。有如嚴父又像慈祥長者般的稻盛會長，這兩年多來不眠不休地的耐心指引他們正確的方向，而今在日航順利重新展翅飛翔後，終究是得卸任離去。

美國洛杉磯京瓷集團教育總部中心。

來自日本、中國、印度、越南、新加坡、台灣、韓國、菲律賓、美國、加拿大、墨西哥、巴西、俄羅斯、瑞士、法國、以色列……等遍布世界五大洲三十五個國家的各分公司社長、董事及高層幹部全都齊聚一堂。

容納近五百人的千坪會場，不規則的半圓弧造型、階梯式座椅以及隱藏式電子翻譯設備，簡約大氣又充滿十足的現代感。

植木義晴帶著一批日航高層魚貫地走入會場，身為前任會長親自指定的航線統籌本部部長，儘管對於稻盛親自傳授的經營哲學皆已了然於胸，可是面對未來總有說不出的徬徨，他們真的可以正確的計畫判斷下一個目標嗎？

拿出藏在西裝上衣口袋的「日本航空哲學」[95]，看著台前慷慨激昂的各國分公司社長分享著如何更有魄力的執行經營理念，過去與稻盛會長相處的點滴彷彿又躍然於眼前。

京都 伏見區。

盛開的櫻花錯落在繁華的市中心，這座古都經過千年歷史洪流，仍默默地展現傲然的骨氣承受時代巨輪的轉動。

五十多年前從老家鹿兒島來到京都大城打拼，那豪情萬丈的青年現已白髮蒼蒼。

和夫站在京瓷總部大樓的最高層，目送前首相鳩山先生甫離去的車隊。

玻璃窗旁的和夫欣賞著春天的景色，和煦的陽光輕灑在他紅潤的臉。

世人都說，他是奇蹟的創造者，二十三歲投入精密陶瓷，赤手空拳打造出兩間世界五百強企業，擁有遍及全球近十萬名員工，而已至古稀之年的他又在一片驚呼聲中重振衰敗的日

95 二零一一年十一月經由日航內部十一次會議以「京瓷哲學」為參考而建立能代表日航精神共識的哲學手冊。京瓷哲學主要為：經營十二條、會計七原則、六項精進……所組成。

本航空。

當和夫回到特製長形辦公桌，大女兒津子早已在旁等候多時。

「爸爸～您還沒下結尾呢！」津子打開了電腦輕笑道。

稻盛和夫靠坐在旋轉椅，而專注時而閉目沉思「……我在沒有經驗，也沒有知識，更沒有勝算的情況下，可以說是以赤手空拳的方式投入了日本航空的重整工作。我唯一依靠的東西就是『生而為人，一以貫之，正確地做正確的事』這個根基於道德的經營哲學……日航的重生如實展現了人的心靈具有多麼強大的力量……在經營十二條法則中，這些事情的重要性超越了時代與環境的變遷……獲利必須貫徹走在正道上，而它的基礎就是為他人著想的『利他心』。我的著作《生存之道》所論述的觀點也深切反應了佛教和中國諸子百家的思想……」

和夫繼續字句鏗鏘地述說著。

中庭的花園裡幾隻色彩斑斕的蝴蝶，從微敞的氣窗飛進，並停棲在厚實的木質書櫃上。

長年累積數十本著作的和夫，仍勤勉不倦地寫下他的經營哲學之道……

燦爛陽光盈滿了偌大的辦公室，照亮了絹面泛黃、字跡蒼勁有力的書匾……**敬天愛人**。

〈全書完〉

國家圖書館出版品預行編目(CIP)資料

稻盛和夫的商聖之路: 用佛陀的智慧把破產企業變成世界五百強/ 王紫蘆著. -- 初版. -- 新北市 : 大喜文化, 民104.11

面； 公分. -- (佛法小冊 ; 1)

ISBN 978-986-91987-9-0(平裝)

1.企業管理 2.通俗作品

494 104018880

佛法小冊01

稻盛和夫的商聖之路：
用佛陀的智慧把破產企業變成世界五百強

作　　者　王紫蘆
編　　輯　蔡昇峰
發 行 人　梁崇明
出 版 者　大喜文化有限公司
登 記 證　行政院新聞局局版台省業字第 244 號
P.O.BOX　中和市郵政第 2-193 號信箱
發 行 處　新北市中和區板南路 498 號 7 樓之 2
電　　話　（02）2223-1391
傳　　真　（02）2223-1077
E-mail　joy131499@gmail.com
銀行匯款　銀行代號：050，帳號：002-120-348-27
　　　　　臺灣企銀，帳戶：大喜文化有限公司
劃撥帳號　5023-2915，帳戶：大喜文化有限公司
總經銷商　聯合發行股份有限公司
地　　址　231 新北市新店區寶橋路 235 巷 6 弄 6 號 2 樓
電　　話　（02）2917-8022
傳　　真　（02）2915-7212
初　　版　西元 2015 年 11 月
流 通 費　新台幣 320 元
網　　址　www.facebook.com/joy131499